地域で進める

公園の防犯点検
子ども達を犯罪から守る

手法と実践

中村 攻 著
みらい子育てネット 実践
（母親クラブ）

はじめに	4
第1章　子どもと公園	7
第2章　点検の進め方	27
第3章　点検する事柄	37
第4章　点検の結果	71
第5章　参加者の意見	99
むすびに代えて	113

はじめに

社会が子ども達に"ここで遊んで"と提供し、それを信頼して集ってきた子ども達。そこで子ども達が犯罪にあう。一体何処で子ども達は遊べば安全なのか?そんな疑問から30年程も前に始めた研究でした。

高度経済成長の急激な都市人口の膨張も安定期へと移り、それまで単調とされた公園作りにも、楽しい公園という様々な試みがなされ、それなりの成果も見られるようになっていました。しかし、犯罪からの安全という視点では依然として無頓着に作られている――改めて調査してみて、そんな感じを強くしました。そして、これからは"楽しい公園"づくりから"安全で楽しい公園"づくりに向けて、地域の公園は見直され修復される必要があると思いました。また、この現実は子どもを持つ保護者を中心に地域住民の具体的な取り組みなくして動かない――そんな思いを強くしながら、その手法を彼等と共に考え公園の安全点検を防犯の視点から実施してきました。

はじめに

"母親クラブ"という組織をご存知でしょうか？児童館を中心にして活動する母親達にしてそれを支援する人達によって構成されている組織です。"みらい子育てネット"はそうした組織の全国組織です。この本はそこで開発してきた公園の防犯の点検手法とそれに基づいて母親達が全国で展開している点検活動の報告です。こうした成果を同じ思いの多くの人々に共有してもらいたい――そんな思いで世に出すことにしました。

私は、リビングルームを見ればその家族の様子が分かると思っています。生活の匂いが感じられる程よく片付けられたリビングルームを見ると温かい家族の日常生活が感じられます。美しいだけで生活の匂いの無いリビングルームや、逆に余りにも雑然としたリビングルームを見ると、家族の生活の何処かに問題があると感じてきました。それと同じで、公園は地域のリビングルームです。地域社会のコミュニティーの成熟度は公園を見ればわかるものです。適度に整頓され、日暮れにもなれば子どもや高齢者や大人達の活動の余韻が残る公園、そんな公園のある地域はコミュニティーの成熟度の高い地域です。

公園を1つの柱として、21世紀という絆の時代、地域社会の再生がされていく――そんな気

5

高い目標を持って、先ずは最も基本的な問題である"子どもの安全"という課題から取り掛かろうではないか。この課題は地域再生という目標に向って発展していく、そうした必然性を持っている――そうした夢を託して、この小さな本を皆さんにお届けします。

第1章　子どもと公園

1、子どもと遊び

子どもと公園の問題を考えるに当って、そこで行われる子どもの「遊び」について考えてみることにします。そもそも子どもにとって「遊び」はどんな意味を持っているのでしょうか。このことを考えるためには、彼等の毎日の生活がどんな行為で成り立ち、そのなかで「遊び」がどんな特徴を持っているのかをみてみる必要があります。ここでは子どもという場合主として小学生を対象に考えます。彼等の日常生活は主として3つの生活行為から成り立っています。1つは学校で先生から勉強を教わる事であり、2つは家庭で親（保護者）から衣食住に係わる生活の基本を体得する事であり、3つは地域で友達と遊ぶ事であります。この3つの行為を毎日繰り返して彼等は成長していくわけですが、他の2つの行為に対して「遊び」はどんな特徴を持っているのでしょうか？その1つは他の2つの行為が主として教わるという受動的性格であるのに対して、「遊び」は主として子ども自身が自らやりたいから行う能動的性格を持っているということです。子どもの本質は遊びにあるといわれる所以です。外から何の力も加え

1、子どもと遊び

ず自由にしておけば子どもは勉強や仕事でなく先ずは遊び始めるものです。「遊び」が持っているもう1つの特徴は人間関係にあります。他の2つの行為が対先生や対親（保護者）という大人が相手になる行為に対して「遊び」は対友達という子ども相互の関係が中心になります。学校での勉強もクラスメートも関ってはきますが基本は先生との関係であります。家庭でも兄弟姉妹等も関ってはきますが基本は親（保護者）との関係で成り立っています。他の2つの行為が対大人という保護的関係が中心になるのに対して、「遊び」は子ども相互の自治的関係で成り立つ社会です。そこには保護されるという甘えの構造は存在しません。子ども達にとっては厳し

写真1　子どもは遊びの王様だ！

い自治的社会なのです。こうしてみると、子ども達が自らのやりたい事に自らを駆り立てていく能動的能力を育て、社会で生きていく社会的人間関係を結ぶ力を育んでいく為には、「遊び」は他の行為では代替できない重要な意味を持っているといえるでしょう。友達と戸外で腹一杯遊べる事は大人が考えている以上に、子ども達には大切な事なのです。付け加えるならば、就学前の子ども達の毎日は「遊び」そのものであり、知力も体力も基本的にはここから得ていくわけですから、「遊び」は更に大きな意味を持っているといえるでしょう。

　教わる事はきちんとできるが未知の事項に失敗を恐れず果敢に挑戦できない若者、人間関係を上手く結べない若者——こうした最近の現象は、彼等の子どもの頃の遊びの貧困に１つの大きな要因があるのかもしれません。

2、子どもの遊び場としての公園

　私が長く勤めていた職場は、最近まで「造園学科」を標榜し百年近くに渡って造園家の養成とその研究をおこなってきました。私はその後半部分に関って、主として地域計画の視点から都市から農村にいたるオープンスペース（建物が建っていない空間）の研究・教育を担当してきました。そのなかでも子どもの遊び場は中心的なテーマの一つでした。子ども達が成長していく場所として都市や農村を如何に計画していくか？その時に欠かせられない課題として子どもの遊び場を中心に据え都市や農村のあるべき姿を追い求めてきたのです。従って、遊び場の一典型として社会的に提供される公園は常に重要な対象でありました。

　半世紀近くに渡って、こうした立場から公園に関ってきて、私が公園の認識を変えなくてはならない幾つかの場面に遭遇しました。それは主として高度経済成長の終焉からバブル期を経て子ども達にとって公園の役割が大きく変わってきていることを自覚させられるものでした。

その一つは都市の市街地での子どもの遊び場調査です。私は「公園でどんな遊びがされているのか」といった公園利用調査のような事は余りしてきませんでした。それは彼方此方でされていたし、公園から見るというより子どもから見るという私の問題意識に合わなかったからです。私は、公園を含めて地域のどんなところで子ども達は遊んでいるのかという視点から問題を掴もうとしてきたからであり、その中で公園も位置づけるべきだと考えていたからです。問題の調査は、どんな遊びを地域のどんな場所で行っているかを季節ごとに調べたものでした。

夏の遊びに水遊びと共に虫取りというのが出てくるのですが、この虫取りの行われる主な場所に公園が挙がってくるようになりました。これはこれまでの問題意識を根底から問い直すものでした。それまでは、公園は作れどもなかなか子ども達には人気がなく余り使われないのが問題であり、いかにして彼等に魅力ある公園を作るかが大きな課題になっていました。これは公園作りにも問題はありましたが、何よりも大きな要因は地域には公園よりも子ども達に魅力的な遊び場が散在していたことでした。自然遊びの典型である夏場の虫取りなどは、人工的に植林された公園よりも、樹種も豊富で自然度もはるかに高い空間が地域の彼方此方に散在していたからです。社寺林であり、雑木林であり、宅地の庭であり、水辺であり、時には農地として子ども達に豊富な虫取り空間を提供していたのです。しかし社寺林は子ども達が自由に入れな

2、子どもの遊び場としての公園

い駐車場や庭園になり、雑木林や農地は宅地化され、宅地の庭は小さな宅地に細分化され、水路は暗渠化され子ども達の遊び場としては姿を消してしまったのです。こうした事実を突きつけられて、虫取り遊びから子ども達は公園に押し込められてきていたのです。こうした事実を突きつけられて、子ども達が自由に遊べる空間として、公園は一昔前とは違って極めて重要な位置を占めてきているという、悲しむべきも厳然とした現実を認識させられたものでした。

今一つは農村部での調査でした。この頃になると、農村部でも、農業生産環境だけでなく生活環境整備の要求も顕著になり、こうした面での都市との格差の是正が大きな課題になってきました。そこで、ある県で大規模な農村住民の生活施設の要求調査が実施されました。生活施設の要求のトップに子どもの遊び場・公園の整備が挙がってきたのです。少なくとも農村部には子どもの遊べる空間は豊富に存在するのではないかと考えていた私には、俄かに信じがたい結果でした。そこで、典型的な農村集落を対象に、昭和20年代からの子どもの遊びと遊び場の変遷の調査をしてみました。過っての子どもの遊び場は「農家の広い庭」であり「田畑」であり「川・用水路」であり「ボッケ（田畑を整備す

13

る時に余った土を盛った場所で樹木や草花が生育していた)」であり「道路」であったわけです。
ところが「農家の広い庭」は稲作に乾燥機が入ってくると車庫や庭園に姿を変え、耕地整理で「田畑」はすっかり姿を変え「ボッケ」は姿を消してしまいました。「川・用水路」も農薬の普及で生物が姿を消し、周辺の土手や川原も農機具の普及による牛馬の農作業からの撤退で飼料生産地の役目がなくなり雑草の生い茂る危険で不潔な空間に変質してしまいました。「道路」は自動車の普及で危険で遊べない空間に変質してしまいました。そもそも農村の空間は生産の機能と生活の機能が複合して成り立っていたのです。夫々(生産と生活)が単独で存在する都市空間とは違って一つの空間を生産でも使い生活でも使っていたのです。そこに農業生産の近代化・機械化が急激に進み空間を生産の機能にも生活の機能にも対応できなくなってしまったわけです。その結果、そこで展開されていた「遊び」という生活の機能に対応できる空間が大きく変質させてきた結果、そこで展開されていた「遊び」という生活の機能に対応できなくなってしまったわけです。こうした現実に直面して、農村でも子ども達が安心して遊べる空間が求められてきている事が浮き彫りになってきたのです。都市のように専ら子どもの遊びに対応できる公園の必要性が出てきたわけです。

都市と農村、この二つの空間で子ども達の遊び場に関って研究してきた私にとって、高度成

2、子どもの遊び場としての公園

長からバブル期を経て、どちらの空間でも、公園の役割は大きく変化してきています。今や、子ども達にとっては、公園は残された数少ない宝の空間なのです。彼等が我が物顔で自由に使える空間は余り残されていないのです。先ずこの事を指摘しておきたいと思います。

写真2　地域の児童遊園で親子で紙芝居を楽しむ。

3、子どもの犯罪危険と公園

 子ども達の遊び場として極めて大きな期待が公園には寄せられるようになってきました。近年、そうした社会的な期待を受けて関係者達の意欲的な努力が重ねられてきました。最近では、都市の付属的な存在から中核的な存在へと存在感を高めています。過っては都市の中に点的に配置されていた公園・緑地は、公園・緑地を基軸にして都市を建設していくといった存在感の高まりをみせてきているのです。そもそも公園・緑地といった空間は、様々な建築物と違って、そこから経済的価値を直接的には生み出さない空間です。生活の論理よりも経済の論理が優先されがちな我国の都市づくりでは、世界に引けを取らない建築物は林立しても、公園・緑地のような空間を作っていくのは大変困難な事なのです。例えば、世界の都市の住民一人当りの都市公園の面積を最近の値で比較してみると、東京23区で2・9㎡、全国平均で8・9㎡であるのに対して、ニューヨークで29・4㎡、ロンドンで30・9㎡、ベルリンで27・4㎡、パリでも11・8㎡です。東京23区の面積はニューヨークの10分の1なのです。こうした社会的

3、子どもの犯罪危険と公園

状況のなかで、地域住民達の強い期待を背にして、公園・緑地を作り出す新しい動きが始まったといえるでしょう。

こうした新しい動きに難題が持ち上がりました。公園・緑地で子ども達が犯罪の危険に遭遇する事件の発生です。東京の集合住宅団地の公園で子どもが誘拐されて殺害される事件(宮崎事件)を皮切りに毎年のように子どもが痛ましい犯罪の犠牲になる事件が社会を震撼させるようになってきました。神戸の住宅団地の公園・緑地でも2人の子どもの命が奪われました(酒鬼薔薇事件)。こうした事件を契機に新しい団地の住民から「住宅の足元まで知らない人が入ってくる街は危険だ」という声が噴出し安全を伴わない緑地への拒否反応が顕わになりました。公園の中でも樹木の繁る場所を避け見通しの良い芝生でしか遊ばない子ども達が顕著になりました。学校でも夏休みの子ども達への注意事項に危険で避ける場所に公園・緑地が挙がってきたりするようになりました。こうして、「犯罪からの安全」という新しい課題が公園・緑地の前に突き付けられたのです。

犯罪として警察が認知した事件(刑法犯のうち交通事故を除外した一般刑法犯)でも小学生

が被害にあった事件のうち都市公園は10・7％を占め、駐車場（29・5％）、共同住宅（19・2％）、道路（15・5％）、戸建住宅（10・4％）等と並んで子ども達が犯罪に会う危険空間の代表的なものの一つに挙がっています（2011年警察庁資料）。

これは犯罪被害として警察に届け出て、更に警察が刑法犯として認知したものの統計です。警察に届けなかったり、届けても事件として取り上げられなかった犯罪被害の件数を暗数といいますが、そうした実態は明らかになっていません。こうした状況下で注目すべき調査があります。東京・葛飾ではＰＴＡが中心になって犯罪被害の実態調査が毎年取り組まれています。2012年度も6つの小学校で4年生以上の子ども達を対象に実施されました。この調査によると対象1149人の子どものうち「これまでに何らかの犯罪の危険」に遭ったとする子どもは227人で19・8％に及んでいます。そして、こうした被害に遭っている場所は公園が123件（60・6％）で、道路の29・1％、駐車場の3・9％、建物内の6・4％等に比べて際立って高い値を示しています。こうした実態は、子ども達の犯罪危険は警察で認知された刑法犯の数値をはるかに超えて裾野は膨大な広がりを持っているということであり、そうした場所としては公園が突出して高いということであります。犯罪の危険は軽度だから按ずるほどでは

3、子どもの犯罪危険と公園

ないとは言えません。対応を間違えると重大な事件に発展しかねないのです。神戸の酒鬼薔薇事件でも被害者の一人の少女は公園で遊んでいるところに「水飲み場を教えて?」と犯人から声を掛けられています。ここまでなら声かけ案件ぐらいの程度に過ぎないのですが、この少女はそこまで案内しようとして途中の両側が珊瑚樹で覆われた通学路の"死角"で命を奪われたのです。

子ども達への犯罪の危険は裾野を広げて広範囲に広がっている、そして公園はその代表的な空間であると考えなくてはならないのです。

図表1　犯罪被害の実態

被害者		227人	(19.8%)
場所	公園	123	(60.6)
	道路	59	(29.1)
	駐車場	8	(3.9)
	建物内	13	(6.4)
何をしていて	遊んでいて	140	(69.0)
	登下校	25	(12.3)
	買物	19	(9.4)
	塾の行帰り	19	(9.4)

(注)　「場所」「何をしていて」の%は被害者のうち、不明者24人を除いた203人を100%とした。

4、いろいろな公園

私達が日頃公園といっているものにはどんなものがあるのでしょうか？最も身近なものは「都市公園」です。これは都市公園法によって作られるもので、殆どの区市町村にはこれらの建設や管理について専門的な課・係りがあります。これらの部署には公園台帳というのがあって、これを基に、自治体内の各公園の位置や大きさや建設年次や平面図等が整理されています。

都市公園の最も身近なものは「街区公園」といわれるものです。数年前までは児童公園といわれていました。誘致距離（各戸から公園までの距離）が250mの範囲内に1箇所当り面積0.25ha（1haは100m×100m）を標準に配置されるものです。地域の主な生活道路等に囲まれた範囲を街区といっていますが、専らそこに住む住民の利用を目的にして各街区当り1箇所を目標に作られる最も身近で数の多い公園です。過ってはブランコ、滑り台、砂場の設

4、いろいろな公園

置が義務づけられ、古いものではどの公園も画一的な作りになっています。しかし最近では作り方に個性的なものも表われています。多くはトイレも設置されています。もう少し大きいものとしては「近隣公園」というのがあります。誘致距離が500mの範囲内に1箇所当り面積2haを標準として配置されるものです。単純に考えれば街区公園4箇所の範囲に1箇所程度配置されると考えて良いでしょう。幹線街路等に囲まれた概ね1km四方（100ha）の居住区を近隣街区といいますが、専らその範囲の住民の利用を目的に作られます。即ち、街区公園では満たされないもう少し広さを求めるような利用に対応する地域の公園といえるでしょう。目安としては小学校区に1～2箇所の存在が標準という事になるのでしょうか。これより大きい規模のものとしては「地区公園」というのがあります。誘致距離が1kmの範囲内に1箇所当り面積4haを標準として配置されるものです。近隣公園4箇所当りに1箇所程度の設置が目的とされていますが、ここまで大きくなると実際には標準どおりには中々実現していないのが現状です。以上の「街区公園」「近隣公園」「地区公園」は段階的に構成されており、これらを合わせてが「住区基幹公園」といって日常生活圏に見られる都市公園です。これらの他に「総合公園」や「運動公園」といった10haを越えるような特別の公園が多くの自治体に設置されるようになってきています。これらを「都市基幹公園」と言い、「住区基幹公園」と合わせて区

21

市町村が基本的に備えるべき「基幹公園」と呼ばれています。この他にも地域の特別な条件によって風致公園、動植物公園、歴史公園等の「特殊公園」や、区市町村の区域を越えた「広域公園」や「緩衝緑地」「都市緑地」「緑地」といった類似空間も含めて都市公園に位置づけられています。

都市公園と共に身近に存在するのは「児童遊園」です。これは都市公園とは設置の主旨を異にするもので、児童福祉法による児童厚生施設として作られるものです。同法40条には「児童厚生施設は児童遊園、児童館等児童に健全な遊びを与えてその健康を増進し、又は情操を豊かにすることを目的とする施設と

写真3　よく見られる児童遊園。簡単な遊具と広場とトイレ。母親と乳児が……。

する」と位置づけられ、期待される機能としては「地域における児童を対象として、児童に健全な遊びを与え、その健康を維持し、自主性、社会性、創造性を高め、情操を豊かにするとともに、母親クラブ等の地域組織活動を育成する拠点としての機能を有するものである」(標準的児童遊園設置運営要綱)ものです。都市公園が国土交通省関連の施設であるのに対してこの施設は厚生労働省関連の施設です。都市公園も都市公園が主として都市計画区域内の市街化区域に限定されているのに対して、この施設は地域が限定されておらず広く分布しています。こうした違いはあるのですが、最近では日常の管理は公園行政のなかで都市公園と一体的に行われている場合が多くみられます。

こうした都市公園や児童遊園の他に地域で公園や遊び場と呼ばれているものは多様に存在します。区市町村が条例を定めて地主から土地を借上げ〝○○ちびっ子広場〟等として民有地を開放している場合もあります。こうした広場にも公園ほどではなくても遊具等が設置されたりして外見上は公園や遊園と変わらないものもあります。こうしたものには地主に固定資産税等の減免策がとられている場合も少なくありませんが、地主の都合で返還を求められる不安定な存在でもあります。これに類似するものとして集合住宅等に付随して小さな広場が存在したり

します。これも区市町村のまちづくり条例等によって集合住宅建設時に敷地面積の1割前後を緑地にするよう指導されたりして生み出されたものです。これも外見上は児童遊園と余り変らないものですがちびっ子広場等と同じ性格を持っている民有地です。

都市の郊外部や農山漁村では、農村環境整備の視点から作られる農村公園も最近では珍しくありません。これは農林水産省関連の施設で、農村地域という地域限定型の公園といえるでしょう。(以下、これらを総称して公園と表現します)。

公園と称されるものには、この他にも自然公園や国立公園・国定公園といったものもありますが、広く日常的な居住地に存在する子どもの遊び場として対応するものではありません。従って、この調査では対象としません。

こうして作られる公園には子ども達の遊び場以外に様々な役割が期待されています。国土交通省の担当課のホームページには都市公園の役割として以下の4点が挙げられています。

4、いろいろな公園

① 良好な都市環境を提供します。

地球温暖化の防止、ヒートアイランド現象の緩和、生物多様性の保全による良好な都市環境の提供。

② 都市の安全性を向上させ、地震などの災害から市民を守ります。

地震時の避難地、延焼防止、復旧・復興の拠点となる。

③ 市民の活動の場、憩いの場を提供します。

子どもからお年寄りまで幅広い年齢層の自然とのふれあい、レクリエーション活動、健康運動、文化活動等多様な活動の拠点となっています。

④ 豊かな地域づくり、地域の活性化に不可欠です。

中心市街地のにぎわいの場となる公園・広場の整備や、地域の歴史的、自然的資源を活用した観光振興の拠点の形成などの地域間の交流・連携の拠点となる。

これらは地域の公園整備の現状からして些か過大な役割という感じもしますが、こうした崇高な目標を掲げて、公園整備は取り組まれているといえるでしょう。しかし、こうした目標を達成していく為には、とりわけ③の日常的な中心的活動である子ども達の遊びの拠点として

25

は、犯罪からの安全確保という課題は避けて通れないのでしょうか？残念ながら、こうした点での対策は後手後手になっているというよりは、有効な対策の検討も余りされていないのが現状です。即ち、公園のプラス面（社会的役割）は意欲的に打ち出されているのですが、抱えるマイナス面（社会的課題）については大きく遅れているといえるでしょう。

そもそも公園作りのスタートから、こうした課題を抱えています。即ち、公園の計画段階から、社会的役割についてはあれこれ考えられても、犯罪からの安全確保という課題は殆んど考えられていないのです（詳しく知りたい方は拙著『安全・安心なまちを子ども達へ──自治体研究社を参考』）。こうした状況は、安全確保が社会的に大きな課題になってきた現在でも殆んど変っていません。大学等における専門家教育でもこうした授業は殆んどみられません。従って行政の方からこうした課題解決に積極的に動き出す事は当面は余り期待できません。ここは、子どもを抱える保護者を中心に地域住民の方から積極的な取り組みと行政を動かしていく事が求められているのです。

第2章 点検の進め方

5、2つの視点と3つの空間

〈主体と対象〉

防犯点検を進める主体は、子を持つ保護者です。具体的にはPTAや児童館・学童クラブ等を拠点に活動する保護者の組織、更には子ども会育成会等の組織という事になります。勿論、この他に子育てや公園に関心のある人々によって取り組む事も可能です。しかし、一般的には、何よりも子を持つ保護者が中心になる事が望まれます。子ども達の安全な環境づくりは子を持つ保護者が動いてこそ周りが動くものです。この事を先ず確認しておきたいと思います。具体的には、学校や保育園や幼稚園の教職員、自治体の公園管理や児童健全育成の担当者、児童館や学童クラブ等の職員、社会福祉協議会等の担当者や民生委員や児童委員、更には町会や自治会、老人会等の地域住民団体や関心のある個人等の参加が望まれます。出来るだけ多くの関係者に声を掛け参加を促していく事が望まれます。この事は、点検後に危険箇所等を具体的に改善していく時

5、2つの視点と3つの空間

には大きな力を発揮します。

対象とする公園は、公園の種類等に関係なく子ども達が日頃から遊んでいる地域内の公園・広場の全てとします。地域の広がりとしては小学校区とします。これは子ども達の日常的な交友関係の広がっている範囲であり、この調査が歩いて行うところからこれ以上の広がりには無理があります。

これを機会に、小学校やその校区は単なる子どもの教育だけではなく大人を含めた地域住民のコミニティーの拠点になっている我が国の現状を再確認したいものです。例えば、震災でも起これば人々は地元の学校に自然と集まってくるものです。又、校区

写真4　行政の担当者の協力も得て共に安全点検する母親達。

外に日頃から子ども達が良く使う公園があれば、例外的にその公園も調査することにします。

〈2つの視点〉

公園の安全対策はハード（空間的）な視点とソフト（利活用）な視点の2つの視点から進めることが必要です。従って防犯点検もこうした視点から取り組むことにします。

ハードな視点からの防犯点検とは、公園の周りに住んでいる人や働いている人々、周辺道路を行き交う地域の人々、更には公園内を利用している人々等から、公園で遊んでいる子ども達への目線が確保されているか否かを点検する視点からの点検です。

ソフトな利活用の視点からの防犯点検とは、地域住民の日常的な公園との関り方・利用の仕方を点検する事です。公園の防犯対策というと死角対策に矮小化されがちですが、死角対策だけでは子ども達を守る事はできません。いくら公園内の目線が確保されていても、そこで遊ぶ子ども達に目を注ぐ大人達が殆んどいないのでは子ども達は守られません。更には、安直な死角対策（無差別な樹木の伐採等）が公園の魅力を半減し子ども達をはじめ地域住民が魅力を感じなくなれば、たまにそこで遊ぶ子どもの危険は増大します。地域の大人から子ども達まで様々な

5、2つの視点と3つの空間

階層の人々に親しまれ大切にされる〝俺たち・私たちの公園〟作りの視点から、地域住民と公園の日常的な関わり方・利用の仕方を点検するのです。

〈3つの空間〉

ハードとソフトの2つの視点から具体的に点検する対象空間としては空間のオーダー（大きさ）と安全対策の特徴から3つの空間に分けて点検します。

第1の空間は公園の「内部空間」です。先ず、公園の内部に注目して2つの視点から点検します。ハードな視点から、公園内部を一回りして、子どもの姿をすっぽり隠してしまうような危険な物はないかどうかを点検します。ソフトな視点からは公園の日常的な利用の状況や管理状況を、周辺住民等へのヒヤリング等も交えて点検します。

第2の空間は公園の「接園空間」です。接園空間とは公園が外周部で道路や建物等と接する空間のことです。ここに目をやり、ハードな視点から、公園外部から公園内の子ども達の姿を隠してしまうような物はないかどうかを点検します。ソフトな視点からは接園部の道路の利用状況の点検をします。

第3の空間は、公園の「立地空間」です。これは公園がどんな地域に立地しているかという

点検です。公園から100メートル程度の地域に公園の利用に大きな影響があると考えられるような物の存在を点検します。また、公園の位置が地域の中で相応しい位置にあるかどうかも点検します。この点検は公園から出て地域を歩いて進めます。

以上、2つの視点で3つの空間を防犯の視点から点検するわけですが具体的な点検項目等については3章で紹介します。

<点検する3つの空間>

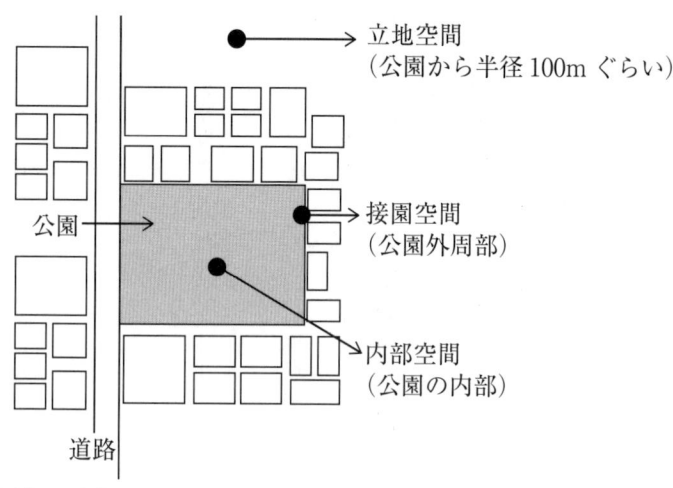

→ 立地空間
（公園から半径100mぐらい）

→ 接園空間
（公園外周部）

→ 内部空間
（公園の内部）

公園

道路

図表2　点検する3つの空間

6、事前の準備

点検項目の検討に入る前に、事前に準備しておく事項について挙げておきます。

① 点検表

具体的に点検した事項を記入する用紙です。これは第3章で点検項目を逐条説明した後に点検表として纏めて例示してあります。

② 図面

図面は「公園の平面図（配置図）」を区市町村の公園課等の担当窓口まで出向いて求める事になります。大抵の自治体ではこうした地図は保管しています。大きさは画板に納まる程度に縮小したりします。もしそうした地図がない場合には現地で大体の図面を白紙に手書きで作ります。ここで少し気を付けなくてはならない事は、保管されている地図が建

設当時のものであったりして、その後その公園が改修されたりして、公園の現状を正しく反映していない場合があります。こうした場合には、渡された図面に手書きで現状に合わせて修正しておく必要があります。こうした事の為にも点検当日に先駆けて主催者側で現場に出向いて確認しておく事が望まれます。

③ 筆記用具

筆記用具としては黒色と赤色の2色のボールペン（鉛筆）を準備します。黒色は点検表に記入する時に使います。赤色は地図上に「危険な物や場所」や逆に「安全に寄与する物や場所」に、前者は×印を後者は〇印を付けていく時に使用します。図面を修正するような場合は黒色で修正します。

④ 画板

点検表や地図上に記入していく為には画板等の下敷きが必要です。こうした用具は役所にある場合も少なくありません。担当課等とも相談してみる事をお勧めします。

6、事前の準備

⑤ 参加者への注意

当日の参加者に向け幾つかの注意事項を伝達しておく事も必要です。先ず何よりも当日は動きやすい服装が必要です。公園の数によっては点検に3時間程度は必要にもなり靴にも気をつけたいものです。帽子の必要な季節もあります。水分補給も必要です。

⑥ 協力者の依頼

点検項目の中には日常的な公園の利用等の調査もあります。こうした項目の為には公園の周辺居住者の協力が必要です。予めそうした人の協力をお願いしておきたいものです。特に、参加者の中にそうした人が見当たらない場合には、その公園の住民の協力が必要です。

⑦ その他

以上の他に、主催団体や地域によって様々な工夫が考えられます。小さい子どもを同伴される保護者の為に子ども達を預けられる工夫も必要かも知れません。

第3章 点検する事柄

住民の手による

子どもを犯罪から守る
公園の安全点検

○この調査は3つの目で公園の安全を点検します。
　1つ目は、公園の内部。
　2つ目は、公園の接園部（外周部に接する空間）。
　3つ目は、公園の立地する周辺の空間です。

○チェックする項目は、それぞれの空間の状況やその管理や利用の状況です。

○調査の方法は、直接公園に出向いて主に観察調査でおこないますが、利用や管理については近隣住民や行政へのヒヤリングや資料でもおこないます。

○調査に当っては、この表の他に公園の平面図を使います。（図面は行政の担当課にありますが公園の現況と少々異なることもあります。その時は図面を修正します。また図面が入手できない時は簡単な手書きの図面でもいいです）。

○準備するもの　・黒と赤のペン
　　　　　　　　・公園の平面図
　　　　　　　　・画板のような下敷き

7、内部空間

ハードとソフトの2つの視点から、公園の内部空間・接園空間・立地空間の順序で犯罪危険の点検を始めます。夫々の空間で点検すべき事柄と、明らかになった危険事項についての対策の基本的な考え方を検討します。

公園の内部空間の安全のポイントは「子ども達の姿が見えなくなるような大きな障害物がなく、地域の大人や子ども達に良く使われている公園」です。こうした視点でハードとソフトの両面から具体的な点検事項を検討します。

〈ハードな視点〉

(イ) 公園内に在って子ども達が引きずり込まれたらすっかり見えなくなってしまうような物の存在を調べます。考えられる物としては「大型遊具」や「トイレ」更には「樹木等の茂

7、内部空間

み」が挙げられますが、この他に案外忘れがちなのが消防用具やゲートボール等の用具入庫等で施錠がされていない物も危険です。この際こうしたものの管理状況も調べておく必要があります。

(ロ) 公園の内部に"死角"になるような場所があるかどうかを調べます。公園内に居る人々や道行く人々から子ども達の姿を隠してしまう様な物の存在を調べるわけです。考えられる物としては複合遊具等の「大型遊具」、「トイレ」や「物置」等の建物も配置によってはこうした危険が伴います。枝下ろしが不十分なため枝が目線の高さまで下がってきている高木や逆に刈込が不十分なため樹木が目線の高さまで伸びすぎてい

写真5　管理が不十分な物置き等も危険が一杯です。

地域で進める公園の安全点検

る低木や更には無造作に植えられた中木等の樹木も人の目線を遮る事によってこうした障害物に該当します。この他に少し大きい公園では地形に高低差を設けているところもあります。特に幼児用の広場をやや低くして確保している場合がありこうした空間が死角を生み出したりしています。築山等も規模によっては死角を生み出したりしています。

以上(イ)(ロ)の調査で問題点が明らかになったら具体的な改善策を考えて実現に向けて自治体の公園関係課等と相談しましょう。

写真6　大型遊具が背後の子どもを隠してしまう。

7、内部空間

〈ソフトな視点〉

(イ) 公園の管理状態の良否は安全に大きな影響を及ぼします。アメリカでは破れた窓が散在するアパートの窓を改修したら犯罪が減ったという事が注目され、「破れ窓理論」といって空間の管理の重要性が注目されています。こうした事例に拠るまでもなく、良く管理された公園は安全な公園の必須条件です。具体的には「落書き」「ごみの散乱」「遊具等の破損」「トイレの汚れ」更には「樹木の剪定」等の項目について、その管理状況を調査します。

ここでも問題点が明らかになったら公園課等と相談して改善に努めましょう。その為にも、

写真7　落書きされた遊具。汚い公園は危険だ。

41

安全点検の段階から公園課等の職員の参加を呼びかけておく事をお勧めします。

(ロ) 地域住民が日頃からよく利用している公園は安全です。従って、公園の利用状況についても調べる必要があります。しかし調査参加者の中に対象公園の近隣利用者がいない場合があったりします、こうした時には近隣住民の方にヒヤリングをしたりして補充します。

又、公園の利用は季節によっても少なくない影響を受けます。従って春夏秋冬（季節毎）の調査が望まれますがそこまでは中々無理な場合がありますから、公園がよく利用される春から秋までと利用がやや落ちる冬場の2つの状況を大まかに抑える事にします。日常的に公園を利用している方なら対照的な2つの季節の利用状況は推察できると考えられます。従って、わざわざ実測する必要はありません。具体的には「8時～12時」「12時～15時」「15時～18時」「18時以降」の各時間帯の利用者の概数を聞き取ります。

合わせて、「幼児」「小学生」「中学生」「青年」「大人」「高齢者」といった年齢層毎に主な利用の仕方を調べます。利用の仕方としては「遊具遊び」「砂場遊び」「フィールド（広場を使った）遊び」「雑談・休憩」「体操」「散歩・ランニング」「付き添い」等の中から年齢層毎の主な

7、内部空間

利用を調べます。

利用の特徴が掴めたら、どんな時間帯に利用者が疎になって公園が危険な状態になるかを地域住民や警察等に知らせて重点的なパトロール等をお願いします。又より安全な公園にするためには地域住民の利用を促す事が必要です。年齢階層毎に公園利用の仕方の違いがあり、夫々の階層毎に異なる公園への期待を踏まえて公園の魅力を高めていく方法を話し合い地域の各種団体や行政等とも協力してその実現に努めましょう。

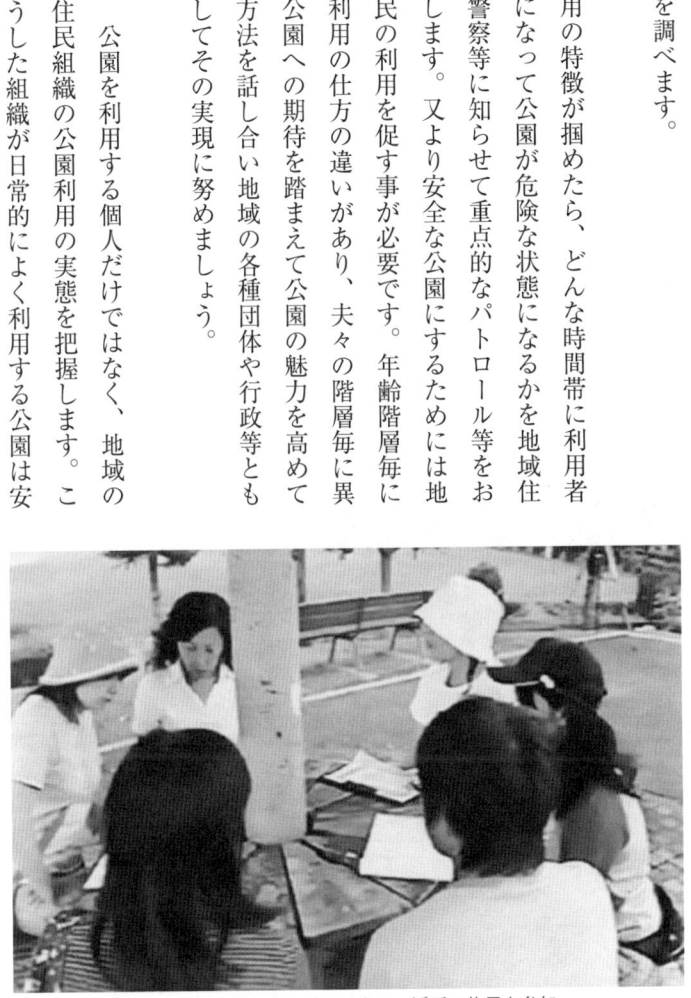

(ハ) 公園を利用する個人だけではなく、地域の住民組織の公園利用の実態を把握します。こうした組織が日常的によく利用する公園は安

写真8　公園の利用状況を話し合っている人々。近所の住民も参加……。

43

地域で進める公園の安全点検

全性が高いものです。コミュニティーの中心施設になっていて住民の関心が高いからです。住民組織としては「子育て組織（子ども会・母親クラブ等）」「学校・保育園等（PTA／保護者会）」「自治組織（町会・自治会等）」「階層別組織（老人会等）」「業者組織（商工会等）」「行政等」が挙げられます。こうした組織が公園を使って行う活動やその頻度を調査します。

調査の結果を踏まえて、こうした団体利用を更に活性化する事を考えたいものです。こうした団体や個人も含めて「○○公園利用者の会」の設立といった公園を地域のコミュニ

写真9　地域の人々のラジオ体操の会場となっている公園。

7、内部空間

ティーの中心的な空間として育てていくような取り組みが求められています。私のこれまでの研究でもこうした住民組織の利用と公園の安全は相関関係にあることが明らかになっています。案外見落とされがちですが重要な視点です。

(二) 毎日のように公園を利用する地域住民の存在を調べておく必要もあります。こうした人の存在は公園の安全にとっては重要です。そうした人が存在する場合には、子ども達の安全確保に大変役に立っているお礼と共に一層の配慮をお願いしておきたいものです。

写真10　毎日のように公園にやってくる地域の人々。

8、接園空間

接園空間とは公園と外部空間が直接接する空間のことです。従って、公園が外部空間と接する部分と外部空間が公園と接する部分から成り立っています。この事を踏まえた上で、公園内からぐるりと接園部に目をやり安全を点検します。それが済んだら公園の外周道路に出てそこから公園内部を見て必要な点検をします。

接園空間の安全のポイントは「公園の周りにいる人々の目が公園の子ども達に十分に注がれる」という事です。こうした視点でハードとソフトの両面から具体的な点検事項を検討します。

〈ハードな視点〉

(イ) 接園部の建物や道路から公園内への目線を大きく遮るような物の存在を確認します。存

8、接園空間

在する場合にはそれがどんな物であるか、所有者や管理者についても確認します。具体的な物としては「内部空間」で挙げられた物と同じようなものが考えられます。

調査の結果を踏まえて、こうした障害物がある場合には、接園部から公園への目線を確保するには如何したらいいかを皆で話し合います。その上で障害物が公園内にある場合には公園課等と対策を話し合います。障害物が公園外に在れば所有者（管理者）の理解を深めていく事が必要になります。例えば高木の枝下し等は比較的協力の得やすい事項です。

写真11　接園部にある障害物で公園の内と外の目線が切られる。

(ロ) 接園部の建物等が公園に対してどのように向かい合っているかは、子ども達の安全に影響します。先ず、こうした建物等の開口部（大きい窓等）やベランダが公園に向いているかどうかを点検します。即ち、建物等が公園に顔を向けているか尻を向けているかを調べるわけです。安全な公園には尻ではなく顔を向けている建物の存在が必要です。次に、こうした開口部がカーテンや雨戸等で昼間は閉ざされているのか否かを点検します。折角顔を向けていてもカーテン・雨戸等で閉ざされていては効果は半減します。公園に顔を向けて開放的な部屋の存在、即ち公園から居住者の生活の臭いの感じられる公園は安全なのです。集合住宅等でもこうした好位置にある

写真12 接園部の建物の状況。公園に顔を向けた建物。

8、接園空間

公園は案外少ないものです。妻側や裏側に作られる事が多いのです。

点検結果でこうした建物等が見つかったら、その居住者（管理者）に子ども達の見守りに役立っている事を伝えて御礼を述べると共に引き続きお願いをしておきましょう。又、好位置に開口部がありながら無造作にカーテンや雨戸等が閉められている場合は昼間の開放をお願いしておきたいものです。こうした建物が公共公益施設であれば一層の協力をお願いしておきましょう。これを機会に、公園と接園部の住民との良好な関係を深めたいものです。住民は公園の落ち葉や騒音や夜間照明等で苦情を感じている場合もあります。勿論季節感や日照・通風等で恩恵も感じているのです

写真13　公園に尻を向けた建物。

が、両者の関係には改善が必要な場合が少なくないのです。

(八) 公園の接園部に次の様な物の存否は公園の安全に影響します。先ず「昼間余り人のいない土地」の存否です。具体的には「空き地」「農地」「駐車場」「資材置き場」等が挙げられます。逆に「地域以外の人が多く寄ってくる施設」の存否も公園の安全に少なからぬ影響を及ぼします。具体的には規模の大きい「商業施設」「娯楽観光施設」「医療施設」「公共施設」等が考えられます。

接園部にこうした物がある場合には、所有者（管理者）に日頃の管理に気をつけるよう依頼しておくことが必要です。前者では簡単に連れ込まれないように防御柵等の設置が必要な場合もあります。後者では公園を含めて見回り等の安全対策の充実が必要です。

専ら地域住民が利用する公共的施設の存否も確認します。具体的には「公民館・集会所」「小・中学校」「幼稚園や保育園」「児童館」「バス停留所」等が挙げられます。こうした施設の存在は公園の安全性を高めます。こうした施設とは空間的にも一体性を高め、利用者や管理者によって公園が守られていくよう一層の理解と協力を呼びかけておきたいものです。又、地域の

8、接園空間

人が利用するバス停留所等も公園の安全性の向上に役立っています。近くにバス停留所がある場合には公園側への移動も働きかけたいものです。この他にも専ら地域住民が利用する個人商店などの存在も大切にしたいものです。

〈ソフトな視点〉

(イ) 接園部の道路の路上駐車の状況を調べます。こうした道路には路上駐車がされやすいのです。民家等に接する道路では苦情も多く路上駐車はし難いものですが、接園部が公園等ではこうした心配が少なく安易に駐車されることが少なくありません。外周部の道路にこうした自動車の列が出来ると、折角公園への見通しが確保されていても、これ

写真14 公園の外周道路に路上駐車の自動車が並ぶ……。

等の自動車が目線を遮る事になってしまいます。自動車の高さは丁度人間の目線を遮り、小さい子ども達ではすっかり姿を隠してしまう存在なのです。具体的な点検項目としては「何時もある」「定期的にある」「不定期だが時々ある」「無い」位の感じで良いでしょう。

こうした事が見受けられた場合には、町内会等でも話し合って周辺住民の注意を促す事も必要です。必要な場合には警察等とも相談します。接園部の道路こそ路上駐車の見られない地域にしていきたいものです。

㈹　接園部の道路状況についても調べます。
これは防犯だけではなく交通事故の視点か

写真15　公園の外に出て外側の道路状況を調べる。

8、接園空間

らも、公園の安全の必須要件です。通過交通の多い幹線道路等では自動車が使われる犯罪の危険も少なくありません。自動車が使われる犯罪は捜査範囲が広大になり、捜査の進行や犯人の特定が大変困難になりがちです。又、公園からの子ども達の飛び出しによる交通事故の心配もあります。具体的な点検事項としては「国道」「都道府県道」「市町村道」ぐらいの管理者毎に、交通量の多い道路の存否を確認します。道路の管理者別に調べておく事は、その後に歩道やガードレール等の安全施設の設置や改修をお願いする時に有効です。

交通量の多い危険な道路が確認されたら、公園側としては、出入り口を安全な場所に移動したりストッパーを設置したりの対策を検討する事になります。自治体の担当課との相談が必要です。又、既述のような対策を道路管理者に要求する事も必要かも知れません。

(八) 接園部の道路が地域住民の「通勤」や「通学」や「買い物」等の日常利用される生活動線になっているかどうかも点検します。地域住民の生活動線に接する公園は安全性が高いといえます。生活動線になっていない時には、地域住民に呼びかけて、日常的な利用を呼びかけていく工夫も必要になります。

53

9、立地空間

公園の立地空間とは、公園の100m程度の周辺の空間をいいます。こうした空間の状況は時には公園の安全に少なからぬ影響を持っています。従って、安全のポイントとしては「公園の立地にあった管理がなされる」ということであります。

〈ハードな視点〉

(イ) 鉄道駅や大型の「商業施設」「観光娯楽施設」「工場」「公共公益施設」等が挙げられます。鉄道駅はバス停留場等の地

写真16　公園の近くに大型ショッピングセンターがある。

9、立地空間

域住民の利用が中心になる駅でなくその利用者は広域化しますので犯罪には危険な要素に働くものです。大型の集客施設等も同様の危険性を持っています。こうした施設が近くに立地する公園はその施設等の不特定利用者の利用もあり犯罪者の接近も容易になるわけです。

こうした地域に立地する公園は警察のパトロール等も重点的にする必要があります。また商店会等の業者組織等の防犯活動への積極的な参加を呼びかけていく必要もあります。更にはこうした組織にはバザール等のお祭りに公園の利用を呼びかけたりして、日頃からの公園への関心を高めていくような働きかけ

写真17　地元商店会のバザールで公園に地域の人々が集って。

55

も必要です。

(ロ) 周辺には空き地や農地が多く住居等が疎らかどうかのチェックも必要です。特に、区画整理等で元々は農地や林地であった所の住宅地ではこうした状況も珍しくはありません。

こうした地域では、土地所有者に、安全対策への協力をお願いすることが必要です。雑草等の管理だけでなく、容易に引き込まれないように柵等の設置が望まれます。又市民農園等の利活用を薦めるのも考えたいものです。

(ハ) 公園の位置が「地域の外れにあって、余り利用されない」ことは無いかのチェックも必要です。住宅地等を開発する時は、自治体によって敷地面積の数パーセントを公園緑地に当たることが指導されます。こうした場合、開発業者によっては宅地に適さない部分を公園緑地に当てる場合が見られます。本来、公園は住民の使い易い位置を当てるべきなのですがそうなっていない場合があるわけです。地域（学区）の外れに在ったり傾斜地や日陰であったりして余り使われない公園が生まれるわけです。公園が街づくりの付け足し的存

9、立地空間

在であった時期が長く続いた我国では、こうした公園は案外少なくありません。

こうした公園がある場合には、町会等とも相談して公園の日常的な活用を活発にしていく対策が必要です。特に日常的に地域で生活する高齢者の知恵や協力を引き出したいものです。この際、適地があれば公園の移設もふくめて対策を自治体担当者と話し合うのもいいでしょう。

この章の最後に、以上の点を踏まえて、具体的な点検表をモデル的に例示しておきます。

地域で進める公園の安全点検

1／6

○公園名

○公園の種類（○をつける）
1. 児童遊園
2. 街区公園（旧称：児童公園）
3. 近隣公園
4. 広場・遊び場
 ・児童館・児童センター広場
 ・団地・マンション内遊び場
 ・市民館・公民館広場
5. その他・不明

○調査日

平成〇〇年 〇〇月〇〇日　〇〇 時 〜 〇〇時

○調査参加者（主催者団体および協力者の人数を記入する）

主催者団体　＿＿＿＿＿＿人
1. 自治体の公園、健全育成担当者（＿＿人）　2. 児童館・児童センターの長、児童厚生員（＿＿人）
3. 主任児童委員、児童・民生委員（＿＿人）　4. 幼稚園・保育園・小学校の保護者会・PTA（＿＿人）
5. 幼稚園・保育園・小学校の先生・保育士（＿＿人）　6. 町内会・自治会・管理組合等（＿＿人）
7. 社会福祉協議会等職員（＿＿人）　8. 子育てNPO・市民団体（＿＿人）
9. その他：＿＿＿＿＿＿＿＿＿＿＿＿＿＿（＿＿人），＿＿＿＿＿＿＿＿＿＿＿＿＿＿（＿＿人）

○感 想（点検後に公園の安全について気付いたことを何でも記入してください）

＿＿＿＿＿＿＿＿＿＿都道府県＿＿＿＿＿＿＿＿＿＿＿＿＿＿市区町村

主催者団体名＿＿＿＿＿＿＿＿＿＿＿＿＿＿＿＿＿＿＿＿＿＿＿＿＿＿＿＿＿

連絡先電話番号（＿＿＿＿＿＿＿－＿＿＿＿＿＿＿－＿＿＿＿＿＿＿）

記入者氏名（＿＿＿＿＿＿＿＿＿＿＿＿＿＿＿＿）

［必須］

問い合わせ先：みらい子育てネット
TEL:00-0000-0000　FAX:00-0000-0000
監修：千葉大学名誉教授　中村　攻

9、立地空間

図表3　点検表のモデル

住民の手による

子どもを犯罪から守る
公園の安全点検

〇この調査は3つの目で公園の安全を点検します。
　1つ目は、公園の内部。
　2つ目は、公園の接園部（外周部に接する空間）。
　3つ目は、公園の立地する周辺の空間です。

〇チェックする項目は、それぞれの空間の状況やその管理や利用の状況です。

〇調査の方法は、直接公園に出向いて主に観察調査でおこないますが、利用
　や管理については近隣住民や行政へのヒヤリングや資料でもおこないます。

〇調査に当っては、この表の他に公園の平面図を使います。（図面は行政の担
　当課にありますが公園の現況と少々異なることもあります。その時は図面を修
　正します。また図面が入手できない時は簡単な手書きの図面でもいいです）。

〇準備するもの　　・黒と赤のペン
　　　　　　　　・公園の平面図
　　　　　　　　・画板のような下敷き

地域で進める公園の安全点検

2／6

・・」の場合には該当するもの全て〇をつけ、その他（ ）内は記述する。

きい障害物がなく
ている公園

対策の基本

はないか。

二．物置（施錠のない）
（　　　　　　　　）

よって生じているか。

・該当する項目について、どうしたら安全になるかみんなで検討し、公園課等に相談をしよう。

トイレ　　二．物置
（　　　　　　　　）

低い木（剪定が不十分で大きく
　　　なりすぎのため）
（　　　　　　　　）

60

9、立地空間

【回答方法】設問の回答が「1・2」に分かれているものはいずれかに○をし、「イ.ロ.ハ・・

① 公園の内部　　安全の　　「子ども達の姿が見えなくなるような大
　　　　　　　　ポイント　　 地域の大人や子ども達によく使われ

点検項目

①－1．公園の内部空間　―――＜この表に記入し、図面上にも赤く×印を付ける＞
（イ）、内に入ると子どもの姿がすっかり隠れてしまう大型遊具・施錠されてない物置等
　　　 1．ない
　　　 2．ある ―――――→　イ．遊具　　ロ．トイレ　　ハ．樹木
　　　　　（具体的にどんな
　　　　　　ものですか）　　ホ．その他（

（ロ）、公園内に人目の届かない"死角"になるような場所はあるか。また、それは何に
　　＜死角になる場所＞
　　　 1．ない
　　　 2．ある ―――――→　イ．複合遊具　　　ロ．単体遊具　　　ハ．
　　　　　（何によって
　　　　　 生じているか）　　ホ．その他の建物（

　　　　　　　　　　　　　　ヘ．高い木（枝おろしが不十分なため）　　ト．

　　　　　　　　　　　　　　チ．地形の高低差　　リ．その他（

| 遊具等
(ある場合)
の破損 | 1.ない
2.少々ある
3.よくある |

→ ・問題があったら、公園課等と相談をしよう

5．ほとんどいない

・18時以降
（　　　　　）

入する（2つまで複数回答'可'）
を使った）遊び　　二．雑談・休憩
　　　　　　　　　　チ．特に目的ない

| 中学生（　　　　　） |
| 高齢者（　　　　　） |

→ ・どんな時に利用者が疎らになって公園が危険な状況になるのかを話し合おう

・公園課や警察に危険な時間等を中心にパトロールを相談する

・公園の安全には様々な地域住民の利用を促すことが大切です。子どもだけでなく地域の人々にとっても魅力ある公園の利用について検討し、町会や地域の各種団体さらには公園課等にも協力をよびかける

9、立地空間

①-2、公園の利用や管理 ──── <この表に記入する>

(イ)、公園はよく管理されているか。(各項目ごとに該当する番号に〇をつける)

落書き
- 1. ない
- 2. 時々ある
- 3. よくある

ゴミ
- 1. ない
- 2. 時々散乱
- 3. よく散乱

トイレ(ある場合)の汚れ
- 1. ない
- 2. 時々ある
- 3. よくある

樹木(ある場合)の剪定
- 1. よくされている
- 2. 不十分だがされている
- 3. ほとんどされていない

(ロ)、公園の利用状況はどうか

A. 時間帯ごとの利用人数 → ( )内に対応する下記の番号を記入する
　　1. 10人以上　2. 9〜6人　3. 5〜3人　4. 2〜1人

・8時〜12時	・12時〜15時	・15時〜18時
(　　)	(　　)	(　　)

B. 主な利用方法 → 各年令層の( )内に、下記の主な利用方法の記号を記
　　イ. 遊具遊び　　ロ. 砂場遊び　　ハ. フィールド(広場
　　ホ. 体操　　　へ. 散歩・ランニング　　ト. 付き添い
　　リ. その他(　　　　　　)(　　　　　　　　　)

幼児 (　　　　)	小学生 (　　　　　)
青年 (　　　　)	大人 (　　　　　)

地域で進める公園の安全点検

4／6

・」の場合には該当するもの全て○をつけ、その他（ ）内は記述する。

を記入する。

頻　　度
イ．ほぼ毎日
ロ．一週間に１～２回
ハ．１ヶ月に数回
ニ．年に数回
ホ．その他（　　　　）

）➡ イ　ロ　ハ　ニ　ホ（　　　　）
）➡ イ　ロ　ハ　ニ　ホ（　　　　）
）➡ イ　ロ　ハ　ニ　ホ（　　　　）
）➡ イ　ロ　ハ　ニ　ホ（　　　　）
）➡ イ　ロ　ハ　ニ　ホ（　　　　）
）➡ イ　ロ　ハ　ニ　ホ（　　　　）
）➡ イ　ロ　ハ　ニ　ホ（　　　　）

→ ・地域の住民組織が色々な形で公園を利用するのは公園の安全にとって大切。こうした団体を広げると共に、みんなで「○○公園利用者の会」等をつくろう

する
　添い　　ヘ．その他（　　　　　）

中学生（　　　　　　　）
高齢者（　　　　　　　）

→ ・こうした人の存在は大切。もし存在したら声かけをしておこう

9、立地空間

【回答方法】設問の回答が「1・2」に分かれているものはいずれかに〇をし、「イ.ロ.ハ‥

(ハ)、公園を利用する団体は？

公園を日常的に利用する団体およびその団体の活動内容、活動頻度について該当する記号

活 動 団 体 該当する記号全てに〇をする	活 動 内 容 イ. 各種行事 ロ. 公園の清掃管理 ハ. 花壇等を作る・世話 ニ. スポーツ ホ. その他（　　　　　　）
イ. 子育て組織（子ども会・母親クラブ等）	→ イ ロ ハ ニ ホ（
ロ. 自治組織（自治会・町会等）	→ イ ロ ハ ニ ホ（
ハ. 地域階層組織（老人会等）	→ イ ロ ハ ニ ホ（
ニ. 業者組織（商工会等）	→ イ ロ ハ ニ ホ（
ホ. 教育機関（学校・保育園等）	→ イ ロ ハ ニ ホ（
ヘ. 行政等	→ イ ロ ハ ニ ホ（
ト. その他（　　　　　　）	→ イ ロ ハ ニ ホ（

(ニ)、毎日のように公園を利用する近隣住民はいるか？

　　1. いない

　　2. いる → どんな人で主に何をしているか、各年令層の（　）内に記号を記入

　　　　イ. 雑談・休憩　　ロ. 散歩・ランニング　　ハ. 遊び　　ニ. 管理　　ホ. 付き

幼　児（　　　　　　）	小学生（　　　　　　）
青　年（　　　　　　）	大　人（　　　　　　）

地域で進める公園の安全点検

5／6

場合には該当するもの全て〇をつけ、その他（ ）内は記述する。

に十分注がれる公園 ）

記す

（1m以下）の木が伸びすぎている。
館　ホ．その他（　　　　　　　）
ニ．駐輪、駐車場　　　ホ．石碑
　　　　　　　　　　　　　）

→ ・目線を確保するにはどうするかを検討する
・障害物が公園内にあれば公園課等と話し合おう
・障害物が公園外にあれば所有権者の協力を得られるように努める

→ ・公園内に目線が注がれる好条件の建物については、そのことを所有者に伝え引き続き協力を得るよう努める
・公共公益施設等であれば一層の協力を申し入れる
・接園部の住民の要望もとり入れつつ、公園と接園部の住民の関係改善をすすめる

（　　　　　　　）

→ ・危険な要素なので所有者（管理者）へ日頃の管理に気をつけるよう申し込んでおく

共施設　ホ．その他（　　　　）

・公共施設と一体性を強め、その利用者や管理者によって公園が守られるよう改善策を検討する
・バス停は地域の人が集まる所で公園の近くにあると安全（バス停を公園の近くに移そう）

童館　ホ．バス停
　　　　　　　）

9、立地空間

【回答方法】設問の回答が「1・2」に分かれているものはいずれかに〇をし、「イ.ロ.ハ...」の

② 公園の接園部

安全のポイント 公園の周りの人々の目が公園内の子ども達

②-1、公園の接園空間 <この表に記入し、図面上にも赤く印を付ける>

(イ) 接園部の建物や道路から公園内への目線を大きく遮る物はないか。図面上には×印で

- 1. ない
- 2. ある →
  - イ.樹 木 → イ.高い木（3m以上）の下肢が伸びている。　ロ.低い木
  - ロ.建 物 → イ.トイレ　ロ.物置　ハ.ゴミ収集所　二.集会所や公民
  - ハ.その他 → イ.塀やフェンス　ロ.築山　ハ.地形の高低差
  - （それは何か）　ヘ.その他（

(ロ) 接園部の建物等の住人（利用者）から公園内はよくみえるか（図面上には〇で記す）
　・窓（開口部）やベランダが公園に大きく向いている建物はあるか。
- 1. ない
- 2. ある →
  - 1. 閉っている
  - 2. 閉っていない

  （雨戸やカーテン等は閉っていますか）

(ハ) 接園部に次のようなものはないか。

〇昼間人の余りいない土地。図面上には×で記す。
- 1. ない
- 2. ある → イ.空き地　ロ.農地　ハ.駐車場　二.資材置場　ホ.その他
  （具体的に）

〇地域外の人も多く寄ってくる施設。図面上には×で記す。
- 1. ない
- 2. ある → イ.商業施設　ロ.娯楽観光施設　ハ.医療施設　二.大型公
  （具体的に）

〇地域の公共的施設。図面上には〇で記す。
- 1. ない
- 2. ある → イ.集会所や公民館　ロ.学校　ハ.幼稚園や保育園　二.児
  （具体的に）　ヘ.その他（

地域で進める公園の安全点検

・」の場合には該当するもの全て○をつけ、その他（　）内は記述する。

が時々ある　　ニ.その他 　　　）　　↳（　　　　　　）	→ ・公園周辺は駐車禁止を住民相互で申し合わせる ・必要に応じて警察等とも協議する
の他（　　　　　　　　　　）	→ ・地域外の自動車等が良く通る道路に接する公園は出入り口を移したり、ストッパーを設置したり等の工夫をする
理が必要] 記入する＞	→ ・商工会等の業者組織とも話合って、公園の防犯活動への協力を依頼する ・商工会等での公園利用を促し、公園への関心を高める
ニ.工場　　ホ.公共施設 　　　　）	
（　　　　　　　　　　）	－・地主の協力を得て市民農園等の利活用も検討する
＜この表に記入する＞	→ ・地域住民の生活動線をなるべく公園に合わせるなどの工夫をする
（　　　　　　　　　　）	
する＞	→ ・公園の利活用を検討する。別に適地があれば公園の移設も考える

9、立地空間

【回答方法】設問の回答が「1・2」に分かれているものはいずれかに○をし、「イ.ロ.ハ・・

②-2、接園部の利用状況 ——— <この表に記入し、図面上にも赤×印をつける>

(イ) 接園部の道路でよく路上駐車がみられる場所はないか。
- 1.ない
- 2.ある ——→ イ.いつもある　ロ.定期的にある　ハ.不定期だ
  - (頻度がどれくらいか) ——→ (どんな時

(ロ) 接園部の道路に通過交通の多い道路はあるか。
- 1.ない
- 2.ある ——→ イ.国道　ロ.都道府県道　ハ.市町村道　ニ.そ
  - (道路の種類)

③ 公園の立地

安全のポイント 〔公園は立地に合った管

③-1、公園の周辺（約100M以内）に次のようなものはないか ——— <この表に

(イ)、鉄道駅や商業施設・観光娯楽施設、工場などはあるか。
- 1.ない
- 2.ある ——→ イ.鉄道駅　ロ.商業施設　ハ.観光娯楽施設,
  - (具体的に) ヘ.その他（

(ロ)、農地や空地等が多く、住居等はまばらであるか。
- 1.住居はまばらでない
- 2.住居はまばらである ——→ イ.空き地　ロ.農地　ハ.その他（
  - (何が多いか)

③-2、公園は地域の人々の生活道路（通勤、通学、買物等）に接しているか ———
- 1.接していない
- 2.接している ——→ イ.通勤　ロ.通学　ハ.買い物　ニ.その他（
  - (どんな利用か)

③-3、公園が地域のはずれにあって、あまり利用されない ——— <この表に記入
- 1.はずれでない
- 2.はずれにある ——→ 1.あまり利用されない　2.よく利用されている

第4章 点検の結果

「みらい子育てネット」では2006年より公園の防犯点検を実施しています。それまでの2年間の試行をとおして前章末に示した点検表を確立し、それを元に全国的に母親クラブを中心にして取り組みを進めてきました。この間に調査をした公園数は約1万（9926公園）で点検に参加した者は33都道県・市で総数6万人に及ぶと考えられます。又今年度の取り組みは現在集計中でこの数値には含まれていません。

この点検は地域住民が夫々の地域で身近な公園の安全を点検し、問題点の改善を考えることを中心課題にしています。従って、全国的な状況を統計的に検討する事を中心的な目的にしたものではありません。しかし、このような防犯の視点から膨大な全国調査は我国では見られない極めて貴重なもの

図表4　年度別の点検活動取組み状況

年度	公園数	都道県・市数	参加人数
2006	2030	30	？（注1）
2007	1590	33	10330
2008	1444	33	9835
2009	1582	32	7761
2010	1260	31	8420
2011	1031	29	6655
2012	989	33	5987
計	9926	（注2）	48988

（注1）初年度は参加人数の正確な把握はしていない。但し、取組み公園数からみて10000人を超えた事は十分推察できる。

（注2）この間に取組んだ都道県は、北海道、青森、宮城、秋田、山形、福島、茨城、栃木、群馬、東京、新潟、石川、福井、静岡、愛知、兵庫、和歌山、鳥取、島根、岡山、広島、山口、香川、愛媛、佐賀、熊本、大分、宮崎、鹿児島、沖縄。市としては、仙台、静岡、広島、松山、北九州。

9、立地空間

です。恐らく、全国的なネットを持つ組織でなければ出来ない事です。そこで、点検の集計結果を紹介し、防犯の視点からみた公園の全国的な状況を考えることにします。尚、各調査事項の主旨と点検結果を踏まえた対策の基本的考えについては第3章の各点検項目のところで既述してあるのでここでは補足的な点だけにしています。

従って、ここでは具体的な点検結果と考えられる要因を中心にして簡素に記述することにします。又、点検結果については公園全体の傾向を紹介する事とし、公園の種別による注目する傾向が見られる場合にのみその点についても簡単に記述することにします。

① 内部空間

〈ハードな視点〉

(イ) 「公園内部に在って子ども達が引きずり込まれたらすっかり見えなくなってしまうような物」の在る公園は全体の3分の1を占めています。こうしたものへの対策の必要性は高いといえます。公園の種別では「児童遊園」「街区公園」「近隣公園」等に較べて「広場・遊び場」ではその割合はやや少なくなっています。

具体的な物としては「トイレ」が6割強の公園でこうした存在になっています。「樹木」「遊具」「物置（施錠されて無い）」と続いています。

「トイレ」は公園内施設としては防犯対策が大変難しい物です。トイレという特質からして見通しや監視を良くしたりするには限界があり、先進国でも対策の難しい施設になっています。個室以外の建物の出入り口を2方向に設置したり、設置場所を公園管理事務所に近接させたり、照明を明るくしたりする方法の他に、「子ども達にトイレは1人では行かず友達と行く」といった注意も必要です。

「樹木」については、公園の安全対策が求められている今日でも、管理に改善が必要な公園が今尚3割も存在しています。具体的には、高木の枝が下の方まで下りて来ていたり低木が伸びすぎたりして人の目線を遮ってしまう場合で、樹木の管理の不十分さを物語っています。最近では自治体の財源難からこうした傾向は改善されるよりも悪くなっている場合もあります。こうした状況を考えれば、公園の樹木の手入れには住民の参画が必要になっていると言えそうです。

「大型遊具」にはそこで遊ぶ子ども達の姿をすっぽり隠してしまう物が少なくありません。防犯面からの改善が求められています。

9、立地空間

「物置」についても施錠されていない公園が1割近くに見られます。管理者に注意と改善を促す事が必要です。

公園の種別でこうした傾向を見ると「児童遊園」「街区公園」「近隣公園」では「トイレ」が7割前後の公園で、「大型遊具」が2割前後の公園で存在します。「樹木」は夫々42％、33％、30％と順次低くなり、大きい公園ほど管理がよくされているといえます。

(ロ) 「公園の内部に死角を作る物」は半数近くの公園で存在しています。公園を使っている人々はお互いに他者を守りあう大切な存在ですが、こうした事を遮ってしまう障害物が半数近くの公園に存在

図表5 子どもを隠してしまう物の存在

		児童遊園	街区公園	近隣公園	広場・遊び場	不明
調査か所数	1,031件（％）	131	321	105	135	339
な い	662（64.2）	80	207	68	103	204
あ る	342（33.2）	50	111	37	31	113
未記入	27（2.6）	1	3	0	1	22

		児童遊園	街区公園	近隣公園	広場・遊び場	不明
"ある"か所数	342	50	111	37	31	113
遊具	80（23.4）	11（22.0）	18（16.2）	8（21.6）	11（35.5）	32
トイレ	212（62.0）	31（62.0）	81（73.0）	26（70.3）	12（38.7）	62
樹木	108（31.6）	21（42.0）	37（33.3）	11（29.7）	5（16.1）	34
物置（施錠のない）	26（7.6）	5（10.0）	4（3.5）	4（10.8）	2（6.5）	11
その他	44（12.9）	7（14.0）	12（10.8）	2（5.4）	8（25.8）	15

（計　470（137.4％）…複数選択あり　（　）内は"ある"に対する率）

しています。公園の種別としては高木・低木合わせた「樹木」と「トイレ」が4割強の公園でこうした障害物となっています。「地形の高低差」が公園内の視線を遮っている場合も4分の1の公園に見られます。築山を設けたり、比較的大きい公園では幼児の遊び場を一段低く設けたりしていますが、こうした物の配置や構造には防犯面からの検討が必要になっています。

〈ソフトな視点〉

(イ)「公園の管理状況」について満足度の高い順に見ると「落書き」につ

図表6　内部に死角の在る公園と具体的な障害物

		児童遊園	街区公園	近隣公園	広場・遊び場	不明
調査か所数	1,031件 (%)	131	321	105	135	339
"死角" ない	529 (51.3)	65	166	49	86	163
"死角" ある	477 (46.3)	65	154	56	49	153
未記入	25 (2.4)	1	1	0	0	23

"死角"を生じている具体的な障害物 … 複数選択あり　回答合計=797

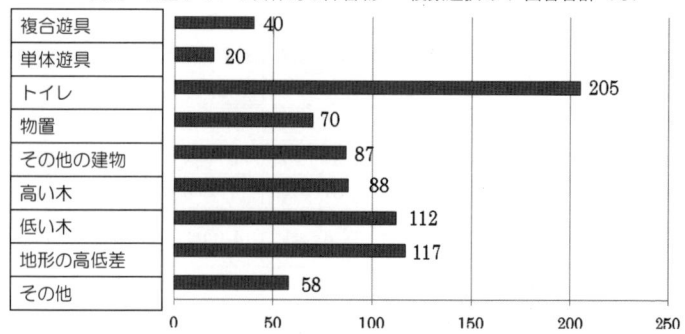

障害物	件数
複合遊具	40
単体遊具	20
トイレ	205
物置	70
その他の建物	87
高い木	88
低い木	112
地形の高低差	117
その他	58

9、立地空間

いては「ない」が86％と高い割合を示します。一昔前よりは公園の落書きは減ってきていると言えそうです。落書き者が減ってきているのか、公園管理者側で落書き対策が進んできているのかは一概には判断が出来ませんが注目すべき結果です。

「トイレの汚れ」についても4分の3の公園では殆んどみられなくなっています。常時トイレの汚い公園は5％にも及びません。"公園のトイレは汚い"というイメージは最近では大きく塗り替えられているといえます。

「遊具等の破損」は「無い」が7割で3割

図表7　公園の管理状況

点検1,031	落書き	ゴミ	遊具等の破損	トイレの汚れ	樹木の剪定
ない・良い	863 (85.8)	610 (61.1)	667 (70.2)	588 (75.4)	585 (61.4)
時々・少々	121 (12.0)	343 (34.4)	263 (27.7)	161 (20.6)	297 (31.2)
ある・されない	22 (2.2)	45 (4.5)	20 (2.1)	31 (4.0)	70 (7.4)
計（％）	1006 (100.0)	998 (100.0)	950 (100.0)	780 (100.0)	952 (100.0)

（注）％は回答があった公園数に対する割合

公園の種別毎満足（ない・良い）度

	落書き	ゴミ	遊具等の破損	トイレの汚れ	樹木の剪定
児童遊園	115 (89.8)	74 (57.8)	86 (68.8)	68 (66.0)	79 (65.3)
街区公園	269 (83.8)	169 (53.5)	209 (69.2)	175 (71.7)	189 (61.4)
近隣公園	89 (84.8)	63 (60.0)	70 (71.4)	63 (71.6)	58 (58.0)
広場・遊び場	124 (91.9)	101 (75.9)	88 (69.8)	89 (91.8)	83 (66.9)
その他・不明	266 (83.9)	203 (64.2)	214 (71.6)	193 (77.8)	176 (58.9)

（注）％は回答があった公園数に対する割合

の公園では「時々見られる」ようになってきているといえるのかも知れません。修理や取替えが自治体の財政難を理由に難しくなってきている事も推察されます。最近では破損を機会に遊具そのものを撤去してしまう状況もみられます。子ども達の要望も聞かずにこうした事が進行する現状は残念な事です。

「ゴミの散乱」が「ない」公園は6割です。4割の公園ではそうしたことが問題になっています。コンビニゴミや家庭ゴミを公園のゴミ箱に捨てていく事が問題になっています。最近では公園のゴミ箱を撤去した自治体も少なくありません。

「樹木の剪定」についても満足度は高くはありません。4割近くの公園で問題を抱えていますがこの件については〈ハードな視点〉の項でも触れましたので其方を参考にしてください。

公園の種別では「落書き」については「児童公園」「街区公園」「近隣公園」では全体的傾向と大きい差違はありませんが比較的身近にある「広場・遊び場」では落書きが「ない」が9割以上と高い満足度を示しています。「ゴミの散乱」についても「広場・遊び場」の満足度は一番高くなっています。「トイレの汚れ」についてもそうした傾向が読み取れます。「広場・遊び場」の満足度は9割強と高いのが注目されます。「樹木の剪定」でもそうした傾向が読み取れます。総じて言えることは「広場・遊び場」といった身近な存在の公園等は施設等の管理についても良好で満足度も高いとい

9、立地空間

えるでしょう。

(ロ) 公園の利用状況の全般的傾向を検討するために点検調査の集計表より利用人員の多い「10人以上」と「9人〜6人」を合わせて「多」、「殆んど無い」と「2人〜1人」を合わせて「少」とし、「多」「少」の時間帯別の公園全体に占める割合を折れ線グラフで表しました。（「5人〜3人」を利用人員「中」としたが傾向をより顕在化してみるためにグラフでは除外した）。利用人員「多」と「少」の時間帯別の比率をグラフから読み取る事で全般的な公園利用の状況を概観します。

このグラフより、公園の時間帯別の利用では、午前中に一定の利用が見られ、正午前後には一日減少するが、午後の15時ごろには1日中で最もよく利用され、夕方の18時頃には利用者が大きく減少します。これが公園の1日の利用状況の基本パターンといえます。

公園の利用者は、まず早朝に通勤者が公園を横切って足早に駅に向かい、次に高齢者が早朝散歩等で姿を見せます。10時頃には幼い子ども達をつれた母親達が姿を現し、昼食時にはこれ

等の人々は姿を消します。午後も1時頃も過ぎると小学校低学年の子ども達が姿を現し、午後の15時頃ともなると小学校高学年の子ども達を中心に中・高校生等の姿も散見されるようになり、周りが暗くなればカップル等の姿でもない限りは公園は静まり返っていきます。これは著者がこれまで調査してきた都市部の平準的な公園の利用状況ですが、地域によって少しずつその姿は変っていくものです。しかし、公園といっても1日のうちで実に様々な利用の姿を見せていくものです。こうしたことと本調査の時間帯別の利用状況の特徴を合わせてみていくと、質・量をダブらせた公園の1日の利用状況を推察することができるでしょう。

公園の種別では大きな違いは見られません。どの公園も同じような利用状況といえますが、「児童遊園」「広場・遊び場」といった身近な公園では18時以降に利用者の落ち込みがやや大きく、防犯上も注目しておく必要があります。

こうした公園の利用状況は、季節によって少なからず影響を受けることが考えられます。従って、正確を期すためには季節毎の利用を調べる必要がありますが、最近では調査の負担を考えて年1回の調査になっています。よって本調査の結果は、夏休みを挟んで数ヶ月の公園利用の盛んな季節の利用状況ということになります。

尚、季節毎の公園利用の特徴についてはこれまでの調査（最初の頃は季節毎の調査をやって

9、立地空間

図表8　公園の利用状況

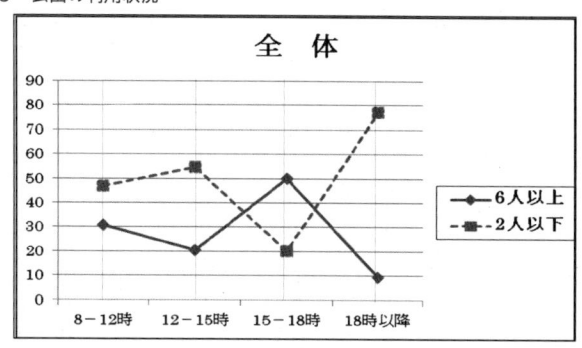

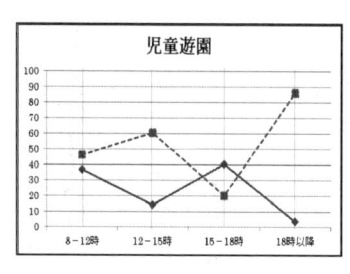

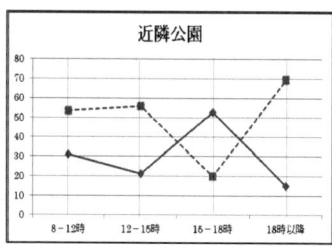

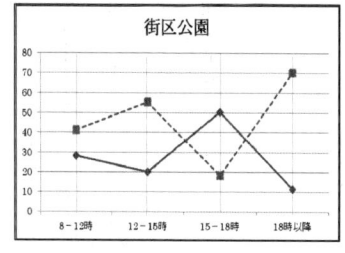

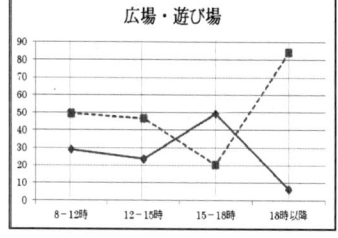

いた）から次のような事が分かっています。時間帯別の公園利用状況は、春から夏更には秋までは余り大きな季節的変動はありませんが、夏だけは18時以降の利用者の落ち込みが少なくこの時間帯でも多くの人々に公園が利用されているといえます。冬になると時間帯別の利用の変化のパターンは同じでも各時間帯共に利用「多」の公園は10ポイント程度低下します。しかし、この季節でも15時頃に利用者「多」の公園が3割前後あり、公園が子ども達の大切な戸外空間である事には変わりはありません。

公園の利用方法（公園がどんな行為に利用されているか）について特徴的なのは、年齢階層によって大きく変化するということです。

「幼児」では年間を通して「遊具遊び」に半数以上が集中しています。幼児の公園の利用といえば先ずは「遊具遊び」といえるでしょう。次いで「砂場遊び」が2割強で続き、「フィールド遊び」が1割強となっています。この3種が幼児の公園での遊びの代表的なものといえるでしょう。

「小学生」になると「遊具遊び」「フィールド遊び」「砂場遊び」の3種が代表的な遊びに変わりはありませんが、その中でも「遊具遊び」が4割強に減少し、それに変わって「フィール

9、立地空間

ド遊び」が3割強に増加します。「砂場遊び」はウエイトを下げながらも存続します。小学生にもなるとより広い空間を使った遊びへと変化していくといえます。こうした傾向は同じ小学生でも学年が進むほど顕著になると推察されます。

「中学生」になると「遊具遊び」や「砂場遊び」は大きく後退します。この世代の代表的な公園利用は「雑談・休憩」と「フィールド遊び」で、両者は夫々3〜4割を占めます。中学生にとって、公園は軽い運動の為に利用したり、何となくお話をしたりするための場所なのです。

「青年（高校生から20歳前後）」になると当然のこととして「遊具遊び」や「砂場遊び」は姿を消し、「雑談・休憩」が4割近くを占め、「散歩・ランニング」「特に目的は無い」も夫々2割近くを占めます。この世代は公園に友人や時には1人でやって来て話し合ったりぼんやりと時を過ごすのと、ランニング等のスポーツ的利用が主な利用といえます。

「大人」になると公園利用の中心は「付き添い」で過半を占めます。幼児の公園での遊びに付き添いという利用が中心になるわけです。この他には「雑談・休憩」や「散歩・ランニング」といった自分自身の要求に根ざした利用が夫々2割前後あります。これ等は大人という広い年齢幅（20歳後半ぐらいから60歳ぐらいまで）からくる年齢差や既婚未婚による違いによるもの

と推察されます。

「高齢者」になると「散歩・ランニング」や「雑談・休憩」といった自分自身の要求による公園利用が中心になります（夫々2～3割前後で両者の合計で過半を占める）。この他には「付き添い」が18％前後あり孫の付き添いで公園に来る高齢者も少なくない状況を示しています。

公園の種別にみてもこうした公園全体の利用傾向と大きな違いはみられません。又、以前の調査結果からは、こうした公園の利用に季節による大きな差違はみられない事が明らかになっています。

図表9　公園の利用方法

	幼　児	小学生	中学生	青　年	大　人	高齢者
遊具遊び	772 (56.7)	707 (47.8)	51 (7.4)	4 (0.8)	15 (1.3)	7 (0.8)
砂場遊び	352 (25.8)	83 (5.6)	5 (0.7)	1 (0.2)	5 (0.4)	2 (0.2)
フィールド遊び	161 (11.8)	534 (36.1)	233 (33.8)	70 (13.9)	28 (2.5)	69 (7.5)
雑談・休憩	6 (0.4)	50 (3.4)	277 (40.2)	194 (38.6)	230 (20.3)	234 (25.6)
体操	7 (0.5)	31 (2.1)	9 (1.3)	11 (2.2)	26 (2.3)	43 (4.7)
散歩・ランニング	30 (2.2)	19 (1.3)	29 (4.2)	88 (17.5)	207 (18.2)	277 (30.3)
付き添い	19 (1.4)	3 (0.2)	4 (0.6)	23 (4.6)	570 (50.2)	165 (18.0)
特に目的ない	4 (0.3)	9 (0.6)	50 (7.3)	79 (15.7)	17 (1.5)	42 (4.6)
その他	11 (0.8)	44 (3.0)	31 (4.5)	32 (6.4)	37 (3.3)	76 (8.3)
計	1362 (100.0)	1480 (100.0)	689 (100.0)	502 (100.0)	1135 (100.0)	915 (100.0)

9、立地空間

(八) 公園を日常的に利用する団体の代表的なものは「自治会・町会等」と「子ども会・母親クラブ等」で夫々5割強の公園で両団体の利用が見られます。次いで「学校・保育園等」が40％、「老人会」が34％、「行政等」が17％、「商工会等」が9％の順になっています。公園の種別に見てもこうした傾向に大きな差はみられません。

活動内容としては「自治会・町会等」では「公園の清掃管理」が6割強と一番多く、次いで「各種行事」「花壇作り・世話」「スポーツ」の順になって

図表10　公園を利用する団体

		児童遊園	街区公園	近隣公園	広場・遊び場	不明
調査か所数　⇒	1,031	131	321	105	135	339
子ども会・母親クラブ等	527 (51.1)	71 (54.2)	165 (51.4)	49 (46.7)	79 (58.5)	163
自治会・町会等	531 (51.5)	62 (47.3)	187 (58.3)	59 (56.2)	60 (44.4)	163
老人会等	351 (34.0)	38 (29.0)	125 (38.9)	40 (38.1)	44 (32.6)	104
商工会等	96 (9.3)	9 (6.9)	27 (8.4)	13 (12.4)	14 (10.4)	33
学校・保育園等	413 (40.1)	49 (37.4)	132 (41.1)	46 (43.8)	53 (39.3)	133
行政等	174 (16.9)	16 (12.2)	54 (16.8)	22 (21.0)	24 (17.8)	58
その他	92 (8.9)	11 (8.4)	30 (9.3)	14 (13.3)	11 (8.1)	26
計	2184 (211.8)	256 (195.4)	720 (224.3)	243 (231.4)	285 (211.1)	680

※複数回答あり　（　）内はそれぞれの点検公園数に対する率％

地域で進める公園の安全点検

います。
「子ども会・母親クラブ等」では「各種行事」が7割強を占め、次いで「清掃管理」が25%となっています。
「老人会等」ではゲートボール等の「スポーツ」の利用が一番多く4割を占めます。次いで「清掃管理」「各種行事」「花壇作り・世話」の順になっています。
「商工会等」では「各種行事」が3割近くと一番高く、次いで「清掃管理」「花壇作り・世話」「スポーツ」が夫々1割前後となっています。又「その他」の多目的利用が5割近くあり、商工会特有のバザール等での利用が見られるためと推察されます。
「学校・保育園等」では「各種行事」が過半を

図表11　公園の利用団体別の利用方法

	自治会・町会等	子ども会・母親クラブ	老人会等	商工会等	学校・保育園等	行政等
各種行事	234 (44.1)	356 (67.6)	87 (24.8)	27 (28.1)	228 (55.2)	25 (14.4)
公園の清掃管理	321 (60.5)	130 (24.7)	116 (33.0)	14 (14.6)	27 (6.5)	94 (54.6)
花壇を作る・世話	85 (16.0)	44 (8.3)	63 (17.9)	8 (8.3)	11 (2.7)	22 (12.6)
スポーツ	33 (6.2)	53 (10.1)	139 (39.6)	8 (8.3)	46 (11.1)	9 (5.2)
その他	46 (8.7)	83 (15.7)	35 (10.0)	47 (49.0)	168 (40.7)	50 (28.7)
該当公園総数＊	527 (100.0)	531 (100.0)	351 (100.0)	96 (100.0)	413 (100.0)	174 (100.0)

（注）＊該当公園総数とは、各団体毎の利用する公園の総数

9、立地空間

占め突出しています。特に園庭が広くない保育園等では様々な行事の開催空間として公園が利用されているといえます。この他には「スポーツ」「清掃管理」「花壇作り・世話」等が見られますがそれ程多くはありません。又「その他」の多目的利用が4割強もあります。これは保育園等の散歩等の空間として近場の公園がよく利用されているものと推察されます。

「行政」等による利用では「清掃管理」が5割強と高いが、これは業務として行っている場合が殆んどです。「花壇作り・世話」も同様の性格を持つものです。こうした物の他に「各種行事」が1割強あり、様々な行政主体の行事空間としても公園が利用されている事を示しています。

(二) 3分の2の公園で毎日のように公園を利用する地域住民がいます。そうした地域住民がいない公園は3割程度という事になります。こうした利用をする人は「幼児」と「小学生」と「大人」は夫々7割強の公園で存在し、「高齢者」も6割弱と続くが、「中学生」や「青年」ではこうした利用はそれ程多くありません。

② 接園空間
〈ハードな視点〉
(イ) 接園部に外部から公園内への目線を大きく遮ってしまう物が4割の公園で見られます。そうした障害物の無い公園は6割という事になります。障害物としては一番多いのは「樹木」で障害物有りの公園の6割弱で見られます。次いで「建物」「その他」と続き夫々5割弱の公園で見られます。

「樹木」では「高木」が「低木」より1割近く高く、低木の管理よりも高木の管理の方が不十分であるといえます。低木の管理は職員や住民で出来ても、高木は事故防止の点からも業者に委託する場合が多く、この点での不十分さがあるといえます。

「建物」では「トイレ」が5割近くと多く、次いで「物置」

図表12　毎日のように公園を利用する近隣住民

		児童遊園	街区公園	近隣公園	広場・遊び場	不明
調査か所数→	1,031 (100%)	131	321	105	135	339
いない	310 (30.1)	41 (35.9)	89 (27.7)	25 (23.8)	56 (40.7)	94
いる	657 (63.7)	78 (59.5)	220 (68.5)	76 (72.4)	78 (57.8)	205
未記入	64 (6.2)	6 (4.6)	12 (3.7)	4 (3.3)	2 (1.5)	40

【利用する人】※複数回答あり　（　）内は上記"いる"に対する率%

計	幼児	小学生	中学生	青年	大人	高齢者
2212 (336.7)	470 (71.5)	484 (73.7)	213 (32.4)	153 (23.3)	485 (73.8)	385 (58.6)

9、立地空間

「集会所や公民館」と続き共に2割強となっています。こうした公園と一体的に建設される建築物が半数の公園で目線を遮る障害物になっています。これはこうした建築物が公園内で遊ぶ子ども達の安全という事に殆ど無頓着に作られている事を物語っています。この種の建築物が公園内と外周道路等との目線を大きく害う事のないような配置上の配慮が求められているのです。

「その他」では「地形の高低差」が過半を占め代表的なもの

図表13　接園部の目線を遮る物の存在と具体的な障害物

		児童遊園	街区公園	近隣公園	広場・遊び場	不明
調査か所⇒	1,031 (100%)	131	321	105	135	339
な い	605 (58.7)	78 (59.5)	195 (60.7)	57 (54.3)	92 (68.1)	183
あ る	376 (36.5)	50 (38.2)	120 (37.4)	48 (43.8)	41 (30.4)	119
未記入	50 (4.8)	3 (2.3)	6 (1.9)	2 (1.9)	2 (1.5)	37

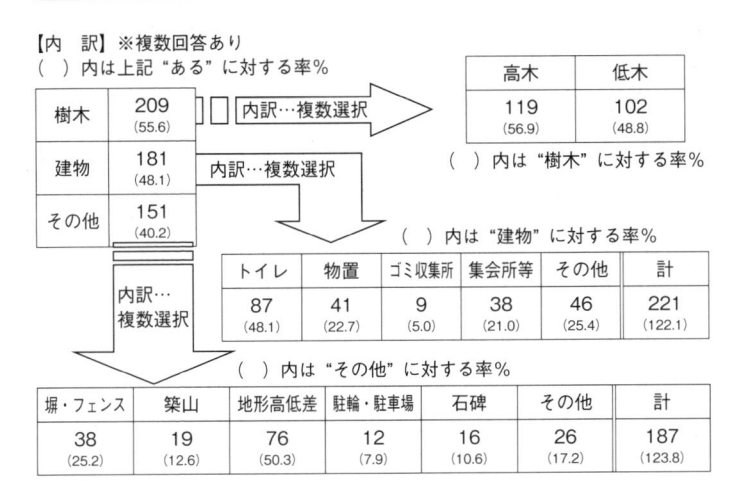

【内　訳】※複数回答あり
（　）内は上記"ある"に対する率%

樹木	209 (55.6)
建物	181 (48.1)
その他	151 (40.2)

内訳…複数選択

高木	低木
119 (56.9)	102 (48.8)

（　）内は"樹木"に対する率%

内訳…複数選択

（　）内は"建物"に対する率%

トイレ	物置	ゴミ収集所	集会所等	その他	計
87 (48.1)	41 (22.7)	9 (5.0)	38 (21.0)	46 (25.4)	221 (122.1)

内訳…複数選択

（　）内は"その他"に対する率%

堀・フェンス	築山	地形高低差	駐輪・駐車場	石碑	その他	計
38 (25.2)	19 (12.6)	76 (50.3)	12 (7.9)	16 (10.6)	26 (17.2)	187 (123.8)

です。「地形の高低差」は公園の単調さを破り楽しい公園の大切な設計手法でありますが、死角を生み易く、この点からの改善が望まれているといえましょう。「築山」も1割強で、「地形の高低差」同様が2割強を占め材料の可視化等の工夫が必要です。

公園の種別では、こうした障害物は、身近な「広場・遊び場」がやや低い他は種別に関らず同じような状況にあります。

(ロ) 公園の接園部にあって公園の側に窓（開口部）やベランダが大きく向いている建物は7割弱の公園でみられます。従って、3割の公園ではそうした建物は存在しない事になります。公園に開放的なこうした建物のうち雨戸やカーテンが開いているのは5割強で4割強の建物は閉ざされています。これらから、公園の側に窓やベランダを大きく開口し、それが日常的に開放（雨戸等で閉ざされていない）されている建物が存在する公園は3割強という事になります。又そうした開口部が存在しても日常的に閉ざされた状況にある公園が3割弱存在することになります。残る3割の公園では周辺の建物にそうした開口部すらない事になります（この中には周辺に建物すら存在しない公園も含まれます）。公園と接園

9、立地空間

部の建物との関係は決して良好とは言えません。

公園の種別でみると、どの種の公園でも6~7割の公園が公園に開口部を大きく向けている建物が存在する事には変わりがありません。しかし、その開口部が雨戸やカーテンで閉ざされている割合は「広場・遊び場」「児童遊園」「街区公園」「近隣公園」の順で高くなります。これは身近で比較的規模の小さい公園ほど接園部の建物との関係が良好な状態にあることを示しています。

(八) 3分の1の公園の接園部に昼間余り人気のしない居住性の低い土地が存在します。その内訳としては「駐車場」(40％)、「農地」(35％)、「空き地」(28％)となっています。区画整理事業等で周辺の市街地化に先行して公園が建設されその後の市街地化が余り進まない状況

図表14 公園に開放的な建物の存在

		児童遊園	街区公園	近隣公園	広場・遊び場	不明
調査か所⇒	1,031 (100%)	131	321	105	135	339
な い	286 (27.7)	34 (26.0)	71 (22.1)	27 (25.7)	49 (36.3)	105
あ る	699 (67.8)	95 (72.5)	240 (74.8)	77 (73.3)	85 (63.0)	202
未記入	46 (4.5)	2 (1.5)	10 (3.1)	1 (1.0)	1 (0.7)	32

雨戸やカーテン等は閉まっているか

閉まっている	閉まっていない	未回答	計
285 (40.8)	390 (55.8)	24 (3.4)	699 (100.0)

や、その他の市街地でもバブルの崩壊によって市街地化があまり進まない状況にあり、そうした状況が公園の安全にマイナスになっていることが推察されます。

公園の種別に大きな差違は見られません。

2割強の公園で接園部に地域外の人々が多く集まってくる広域施設が存在します。内訳としては「商業施

図表15　昼間人の余り居ない土地の存在

		児童遊園	街区公園	近隣公園	広場・遊び場	不明
調査か所⇒	1,031 (100%)	131	321	105	105	339
な　い	656 (63.6)	89 (67.9)	202 (62.9)	72 (68.6)	88 (65.2)	205
あ　る	313 (30.4)	40 (30.5)	106 (33.0)	30 (28.6)	41 (30.4)	96
未記入	62 (6.0)	2 (1.5)	13 (4.0)	3 (2.9)	6 (4.4)	38

【内　訳】※複数回答あり　（　）内は上記"ある"に対する率％

空き地	農地	駐車場	資材置場	その他	計
88 (28.1)	108 (34.5)	124 (39.6)	20 (6.4)	52 (16.6)	392 (125.2%)

図表16　地域外の人も多く寄ってくる施設の存在

		児童遊園	街区公園	近隣公園	広場・遊び場	不明
調査か所⇒	1,031 (100%)	131	321	105	105	339
な　い	747 (72.5)	100 (76.3)	238 (74.1)	81 (77.1)	99 (73.3)	229
あ　る	236 (22.9)	23 (22.1)	75 (23.4)	22 (21.0)	33 (24.4)	77
未記入	48 (4.7)	2 (1.5)	8 (2.5)	2 (1.9)	3 (2.2)	33

【内　訳】※複数回答あり　（　）内は上記"ある"に対する率％

商業施設	娯楽観光	医療施設	公共施設	その他	計
72 (30.5)	15 (6.4)	42 (17.8)	55 (23.3)	76 (32.2)	260 (110.2)

9、立地空間

設」が3割強、「公共施設」と「医療施設」が夫々2割前後、「娯楽観光施設」も多くはありませんが存在します。公園の種別に見ても大きな差違はありません。

大型施設とは別に主として地域の人々が日常的に利用する施設が接園部に存在する公園は5割強です。これらの施設は公園の安全側にプラスするものです。施設の内訳としては「集会所や公民館」が半数近くを占め、「児童館」「幼稚園や保育園」「学校」が2割前後で続いています。「バスの停留所」も14％を占めています。公園の種別では「広場・遊び場」にこうした施設の存在が高いのが注目されます。

〈ソフトな視点〉

(イ) 接園部の道路に路上駐車が見られる公園は3割強もあります。その頻度も「何時もある」が2割強で「定期的にある」を合わせると3分の1にもなります。接園部の

図表17 地域の人がよく使う公共的施設の存在

		児童遊園	街区公園	近隣公園	広場・遊び場	不明
調査か所⇒	1,031 (100%)	131	321	105	135	339
な い	447 (43.4)	70 (53.4)	153 (47.7)	55 (52.4)	35 (25.9)	134
あ る	540 (52.4)	58 (44.3)	162 (50.5)	48 (45.7)	100 (74.1)	172
未記入	44 (4.3)	3 (2.3)	6 (1.9)	2 (1.9)	0 (0.0)	33

【内 訳】※複数回答あり （ ）内は上記"ある"に対する率％

集会所等	学校	幼稚園等	児童館	バス停	その他	計
250 (46.3)	101 (18.7)	112 (20.7)	123 (22.8)	77 (14.3)	100 (18.5)	763 (141.3)

道路は個人宅等の道路より路上駐車がし易いところから、こうした状況が全国的に広がっているといえそうです。公園の種別では身近な「広場・遊び場」が路上駐車が少ないのが注目されます。

(ロ) 4割の公園で接園部に通過交通の多い道路が存在します。その7割が市町村道で都道府県道や国道も夫々1割

図表18 路上駐車

		児童遊園	街区公園	近隣公園	広場・遊び場	不明
調査か所⇒	1,031 (100%)	131	321	105	105	339
な い	672 (65.2)	88 (67.2)	202 (62.9)	63 (60.0)	110 (81.5)	209
あ る	318 (30.8)	40 (30.5)	115 (35.8)	41 (39.0)	23 (17.0)	99
未記入	41 (4.0)	3 (2.3)	4 (1.2)	1 (1.0)	2 (1.5)	31

【駐車の頻度】 ( ) 内は上記"ある"に対する率%

いつも	定期的	不定期で時々	その他	計
71 (22.3)	38 (11.9)	198 (62.3)	14 (4.4)	321 (100.9)

図表19 通過交通の多い道路

		児童遊園	街区公園	近隣公園	広場・遊び場	不明
調査か所⇒	1,031 (100%)	131	321	105	105	339
な い	592 (57.4)	79 (90.3)	187 (58.3)	56 (53.3)	110 (81.5)	209
あ る	398 (38.6)	49 (37.4)	130 (40.5)	48 (45.7)	23 (17.0)	99
未記入	41 (4.0)	3 (2.3)	4 (1.2)	1 (1.0)	2 (1.5)	31

【道路の種類】 ( ) 内は上記"ある"に対する率%

国道	都道府県道	市町村道	その他	計
46 (11.6)	60 (15.1)	263 (66.1)	40 (10.1)	409 (102.8)

9、立地空間

強を占めています。公園の種別にみると規模が大きくなるほど通過交通の多い道路に接する割合が高くなります。

(ハ) 地域の人々が日常的に良く使う生活道路に接している公園が8割近くあります。利用形態は「通学」「通勤」「買い物」が主なものです。道路との関係では多くの公園はそこを行き交う地域の人々によって守られる位置にあるといえます。しかし（ロ）の結果とも合わせてみれば、その生活道路は通過交通の多い道路が半分前後を占めている事も忘れてはなりません。公園の種別に大きな違いはありません。

③立地空間
〈ハードな視点〉

(イ) 周辺100メートル位の所に大型施設の存在する公園は3割です。大型施設としては「商業施設」「公共施設」が夫々3割強を占め、次いで「工場」「鉄道駅」「娯楽施設」の順になっています。公園の種別で大きな違いはありません。

(ロ) 立地空間に「農地」や「空地」が多く住居等が疎らな公園は公園全体の15％です。8割強の公園では立地空間の居住化（市街地化）は進んでいるといえます。疎らな原因は「農地」が6割「空地」と「林地」が夫々2割を占めています。公園の種別では「児童遊園」「広場・遊び場」「近隣公園」「街区公園」の順になっており、夫々の公園がどんな市街地化の場所に立地しているかを示しています。

(ハ) 公園は地域の人が集り易い場所にあるだろうか？残念ながら14％

図表20　大型施設の存在

		児童遊園	街区公園	近隣公園	広場・遊び場	不明
調査か所⇒	1,031 (100%)	131	321	105	105	339
な　い	690 (66.9)	88 (67.2)	221 (68.8)	70 (66.7)	87 (66.1)	224
あ　る	305 (29.6)	41 (31.3)	98 (30.5)	34 (32.4)	47 (34.8)	85
未記入	36 (3.5)	2 (1.5)	2 (0.6)	1 (1.0)	1 (0.7)	30

【内　訳】※複数回答あり　（　）内は上記"ある"に対する率％

鉄道駅	商業施設	観光娯楽	工場	公共施設	その他	計
28 (9.2)	113 (37.0)	22 (7.2)	52 (17.0)	102 (33.4)	58 (19.0)	375 (123.0)

図表21　農地や空地の存在

		児童遊園	街区公園	近隣公園	広場・遊び場	不明
調査か所⇒	1,031 (100%)	131	321	105	105	339
な　い	839 (81.4)	103 (78.6)	281 (87.5)	88 (83.6)	113 (83.7)	254
あ　る	152 (14.7)	25 (19.1)	38 (11.8)	15 (14.3)	21 (15.6)	53
未記入	40 (3.9)	3 (2.3)	2 (0.6)	2 (1.9)	1 (0.7)	32

9、立地空間

の公園がそうした場所に立地していません。宅地開発した時の住宅に不向きな不整地や開発地の端に公園が設置される場合があるのです。そうした公園では6割近くが利用状態も良くありません。公園の種別では「近隣公園」等の大きい公園では地域の外れに立地する公園は少なく計画時の位置取りはある程度考えられて設置されているといえます(但し、この場合でも1割近くの公園が地域の外れに建設されている事は注意が必要です)。規模の小さな公園は配置上に注意が必要な公園が2割近く存在します。

図表22　公園の位置

		児童遊園	街区公園	近隣公園	広場・遊び場	不明
調査か所⇒	1,031 (100%)	131	321	105	105	339
はずれでない	852 (82.6)	106 (80.9)	276 (86.0)	97 (92.4)	115 (85.2)	258
はずれである	139 (13.5)	23 (17.6)	42 (13.1)	7 (6.7)	17 (12.6)	50
未記入	40 (3.9)	2 (1.5)	3 (0.9)	1 (1.0)	3 (2.2)	31

第5章　参加者の意見

① 子どもを犯罪から守る為にどんな事が大切か──提言

この点検活動に参加した人々から、活動後に感想を自由に記入してもらいました。記入者のうち不作為に4分の1を抽出し〈子どもを犯罪から守る為にどんな事が大切か──提言〉に関する事項を文中からキーワードで区分し集計しました。

提言としては〈子どもと親の係わり〉に関すること、〈地域住民で子どもを守る〉事に関すること、より具体的に〈環境整備をすすめる〉事に関すること、〈その他〉に大別されました。

更に〈子どもと親の係わり〉は「子どもの日常生活をもっと知る」「安全について子どもに注意する」「親も公園に行く・様子を知る」「大人相互の声かけ」の4つに区分されました。

〈地域住民で子どもを守る〉は「大人相互の声かけ」「子ども達への声かけ」「子どもを守る地域の目・地域力を高める」「駆け込み所を広げる」「自治会・PTAとの協力」「パトロールの強化」の6つに区分されました。

〈環境整備をすすめる〉は「遊具や樹木等の整備」「美しい公園・管理の改善」「公園の立地の改善」「魅力ある公園づくり」「その他の環境整備」の5つに区分できました。

〈その他〉は「情報の共有」「モラルの向上」「警察活動の改善」「その他」の4つに区分されました。

参加者の意見

図表23　子どもを犯罪から守るためにどんな事が大切か——提言

項　目		件　数	比　重
A．子どもと親の係わり		230	(34.8%)
	A－1　子どもの日常生活をもっと知る	55	(8.3)
	A－2　親も公園に行く・様子を知る	15	(2.3)
	A－3　安全について子どもに注意する	75	(11.3)
	A－4　子どもを一人にしない	85	(12.9)
B．地域・住民で子どもを守る		329	(49.8%)
	B－1　大人相互の声かけ	45	(6.8)
	B－2　子どもたちへの声かけ	59	(8.9)
	B－3　子どもを守る地域の目・地域の力を高める	206	(31.2)
	B－4　かけこみ所を広げる	6	(0.9)
	B－5　自治会・PTA等との協力	5	(0.8)
	B－6　パトロールの強化	8	(1.2)
C．環境整備をすすめる		257	(38.9%)
	C－1　遊具や樹木等の整備	177	(26.8)
	C－2　美しい公園・管理の改善	43	(6.5)
	C－3　公園の立地の改善	19	(2.9)
	C－4　魅力ある公園づくり	16	(2.4)
	C－5　その他の環境整備	2	(0.3)
D．その他		26	(3.9%)
	D－1　情報の共有	13	(2.0)
	D－2　モラルの向上	2	(0.3)
	D－3　警察活動の強化	1	(0.2)
	D－4　その他	10	(1.5)
		842	(127.4%)

（回答数　661人・複数回答）

大分類でみると〈地域住民で子どもを守る〉が最も多く半数の人が挙げています。子どもは地域で守ることが多くの人々の共通の認識になっているといえます。次いで〈環境整備をすすめる〉を4割近くの人々が挙げ〈子どもと親の係わり〉が3割強と続いています。

小項目でみると「子どもを守る地域の目・地域の力を高める」を3人に1人が挙げ、次いで「遊具や樹木の整備」で見通しの確保を挙げています。これに「子どもを1人にしない」「安全について子どもに注意する」が続いています。こうした結果は、子ども自身や環境を含めた地域社会の子育て力のレベルアップを強く求めている様子が顕著にうかがえます。

各小項目毎に具体的な意見を幾つか紹介します。

〈子どもと親のかかわり〉

「子どもの日常生活をもっと知る」

・親は子どもの生活時間（帰宅・夜間）をきちんと知り決まりを守らせる事。問題があればきちんと注意する」——生活時間を知る（50代女性）

・子どもの行き先友達を把握すること——行き先、友達を知る（30代女性）

参加者の意見

- 子ども達の遊び場の状況をもっと知っておくことが大切だと思った。どこでどんな風に遊んでいるのか、その周りに何があるのか等、日々の生活の中で遊び場やその周辺の危険な場所を見つけられるよう車で通ってみたりする事も効果があると思った——遊び場を知る（30代女性）

「親も公園にいく、様子を知る」

- 子どもの人数が少ないので大人が一緒に出かけるのが良いと思う（50代女性）
- 時間があれば公園をのぞく（30代女性）

「安全について子どもに注意する」

- 子ども自身に何が危険なのかを理解させ対処法を考えることが大切だと思う（30代女性）
- 知らない人についていかないように子どもとよく話し合っておく（40代女性）
- 子ども自身が大きな声を出し逃げる事ができるように教えていきたい（30代女性）
- 犯罪に会う子どもにも注意が必要。親が一緒でない時は特に。女の子の場合だと下着の見える服や公園にいる知らない人と気楽に話したりするのも要注意である。子どもにスキがあると普通に見える人でも不審者や変質者に変るかも知れない。子どもが1人で外

地域で進める公園の安全点検

に出る時はそれなりのルールがあることをしっかり教える事が大切だと思う（40代女性）

「子どもを1人にしない」
・親が子どもから目を離さないこと——特に小さい子に（20代女性）
・なるべく1人で遊ばず数人で遊ぶようにする（40代女性）

〈地域住民で子どもを守る〉
「大人相互で声かけ」
・家庭だけでは視野が狭く地域の人達との連携が大切だと思う。それには普段から外に出かけて交流の場を持つことが大切だと思った（40代女性）
・公園＝安全と思い込んでしまうところがあるが、今はそのような場所でも犯罪や殺人が起こるので常に子どもの行動には親が責任を持ち、近所の方々とコミュニケーションをとり、いざという時には助けたり助けられたりできる環境を整えておくことも1つの手段であり大切だと思った（30代女性）

参加者の意見

「子ども達への声かけ」

・自分の子どもだけでなく地域の子どもに気を配り声を掛け合うことが大切だと思った（40代女性）
・普段から子ども達に挨拶したり地域の行事に参加して子ども達と顔見知りになっておく事。子ども達が助けを求めやすくなると思う（30代女性）
・子どもと気軽に話しかけができること。特に公園や夕暮れ時に学校のグランドで遊んでいる子どもに気を配る。不審と思う事に出くわしたら声を掛ける（50代女性）

「子どもを守る地域の目、地域の力を高める」

・親だけで守るのは難しい社会になってきている。"まちの子はみんな我子"の母親クラブの合言葉のように地域社会で目配り気配りして守っていく事が大切（50代？）
・子どもは地域の宝、地域で見守りが欠かせないと思う（50代女性）
・地域の方、学校、家庭、そして行政が連携をとり見守っていく必要性を強く感じた（40代女性）

「パトロールの強化」

・直ぐ逃げ込める家が傍にあることが大切だと思った（40代女性）

- 地域の人達で協力して見回りする事が大切だと思った（30代女性）

〈環境整備をすすめる〉

「遊具や樹木の整備」

- 周囲が金網等の良く見えるもので囲まれるとよい（30代女性）
- 木の高さを低くして見通しをよくすることが大切だ（30代女性）
- 私が点検した公園は広場から階段を下りたところに遊具があり、その遊具の隣にトイレがあるので大人が付いていかなければ絶対に子どもを遊ばせることはできない（30代女性）
- 夜は適当な証明が必要だと思う（40代女性）

「美しい公園、管理の改善」

- 公園を綺麗に保つよう清掃草刈などを行う必要がある。草が生い茂っていて外から見えにくい場所が無いように地域の人の協力も必要だと思った（30代女性）
- 子ども達が遊ぶ公園が落書きや破損で汚れているだけで公園の雰囲気が悪く、子ども達が遊ぶ、集う感じがしない。遊具の色も綺麗にして清潔に保つだけで犯罪はなくなると

参加者の意見

「公園立地の改善」

- 奥の方にあったので目と目に付かなく、不安なところがあるかなあと。こんな所にも公園があるのかなと思った（30代女性）
- 道路の傍に作り地域の皆の目の届くところにあればよい（30代女性）
- かしかされた空間で安全を確保しながら活発に遊べる公園であってほしい。物的環境の充実と併せて危険に対処できる大人が常駐する公園がほしい（50代女性）

「魅力ある公園作り」

- ベンチ等憩いの場を多く作れば大人の雑談休憩の場となり公園内を子どもだけにしなくてすむので犯罪が減ると思った（30代女性）
- ポーチ等日陰のできる屋根つきの施設を作り、常に保護者や地域の大人が見守れるような雰囲気を作る。老人の方等に日替わりで見守ってもらったり遊んでもらったり（30代女性）

思う。そして定期的な見守りが大切だと思った（40代女性）

地域で進める公園の安全点検

〈その他〉

「情報の共有」
・変な人を見たら大人の人に知らせる――子どもから大人へ（30代女性）
・子ども達に危険な情報をしっかり伝える――大人から子どもへ（30代女性）

「モラルの向上」
・社会を明るくし大人にモラルをもっと教育すべきである（40代女性）

「警察活動の改善」
・警察のパトロールの強化。その際歩いて見守ってほしい。公園には意外な死角があり、あるいは警察が見守る事により犯罪防止や子ども達の危険箇所の抑制につながると思う（30代女性）

② この活動に参加して何を感じたか――感想

参加者の自由意見には「提言」の他に、この活動に参加した「感想」を記入してもらいました。「感想は大別して主として〈自己の意識の成長〉に関するもの、〈取り組みへの要望〉に関するものに区分されました。

108

参加者の意見

更に〈自己の意識の成長〉は「具体的に見ることによって」得られる事、「大勢でみる事によって」得られる事、「知識を持ってみることによって」得られる事の3つ、〈地域社会への関心の広がり〉は広がりの方向によって「地域の人々へ」「管理者へ」「自治会等へ」の3つ、〈取り組みへの要望〉は「活動時期」と「取り組み成果」の2つの各小項目に細分されました。各小項目毎に具体的な意見を幾つか紹介します。

「具体的に見ることによって」
・身近だが初めて行ったところだった。子どもだけで遊ぶには淋しい

写真18　公園の安全点検をする母親クラブの会員達。

所だとはじめて知った。これまで分からなかったので、自分の目で見ることができて今回は良かった。子どもに声かけができる、1人で行かないようになど――（30代女性）

・面倒くさいと思っていたが、実際行ってみると色んなことが見えてきてよかった（30代女性）

「大勢で見ることによって」

・参加人数が多ければ多いほど見る視点が違い色んな角度から物事を見ることができよかった（30代女性）

・皆で1つの事に取り組むのが大切だと思った。充実感と達成感があり中々気をつけていなかったことが。やはり子どもを守るためには大勢の目で見ることが大切だと思った（?）

「知識を持って見ることによって」

・今まで何気なく利用していた公園でしたが遊ぶ視点からでなく違った視点から見ることができ安全という視点で学ぶことができた。死角になる所等が子ども達にも注意しながら行う事がとてもよい機会になった（40代女性）

・改めて点検項目にそって見ると日頃気づかない危険な所がよく分かった。皆で行う事で

参加者の意見

協働確認、認識ができ、意識が高まった（30代女性）

〈地域社会への関心の広がり〉

「地域の人々へ」

・点検中地域の人々の挨拶や声かけがあり、見守っていただいているのだなあと感じた（40代女性）

・お忙しい中、子どもの為安全点検をしていただいてとてもありがたく感謝している。これからも合同で子ども達のための活動を取り組んでいきたいと思う（児童館職員）

「管理者へ」

・改めて公園を管理していただいている方々へ感謝します（30代女性）

・公園の遊具の撤去も多く、公園の遊具が寂しくなってきているように思う。撤去だけではなく安全な遊具の設置もお願いしたい（30代女性）

「自治会等へ」

・ゴミの散乱、雑草の多さ、排水溝が土砂で埋もれている等々、近隣自治会が公園の環境

に関心を持ち奉仕活動に取り組みたいものだ。余りにも無関心すぎるように思う（50代男性）

・学校関係者、PTA、保護者、警察、行政が一体となってこのような取り組みを市域全体に広めて取り組めればいいと思う。何よりも各人の防犯意識の高揚が大切なのでこのような取り組みは有効だと思う（20代男性）

〈取り組みへの要望〉

「時期について」

・とても暑い中での点検だったので時期をづらしていただきたい。子ども達も大変そうでした（30代女性）

「成果について」

・毎年安全点検をしているのですが、その成果が自分達の地域に具体的にどのように活かされているのか知りたい（40代女性）

むすびに代えて

むすびに代えて

みらい子育てネットでは毎年この活動を『全国一斉「公園の安全点検」調査報告書』としてまとめています。東日本大震災の直後に出された2011年の報告書に記載した拙文を掲載してむすびに代えます。

――子どもを守り育てる確かなる力をもった組織を目指して――
〈危険を予知し予防する〉

報告書の最終原稿が出来上がる直前、3月11日のお昼過ぎ、マグニチュード9という巨大地震が発生し、東日本の太平洋側に津波による甚大な被害をもたらしました。多くの子ども達も痛ましい犠牲になりました。生徒達の7割もが先生共々一度に津波の犠牲になった小学校もありました。心から哀悼の意を表したいと思います。更には、ここから教訓を汲みつくし、子ども達を守り育てる確かなる力を持った組織へと成長していく事を心から期待するものです。

計り知れない力で街を破壊し人々の命を奪い去った津波ではありましたが、少し細やかに見

るとどの地域でも等しく被害にあったわけではありません。海岸沿いのある集落では住民の殆んどが難を逃れて注目を浴びています。この集落では過去の津波から教訓を引き出し居住地を海岸近くの平地から背後の台地近くに移し毎年地域挙げて避難訓練をしていたのです。即ち、津波の危険を予知し予防する事によって津波の到来から我が身を守る事ができたわけです。多分、地震に比べて津波はこうした対応が数段取り易い災害であります。何故ならば発生から間髪入れずに大揺れが来る地震と違って、津波は発生からある程度の時間をおいて到来するのであります。この時間差を利用して、確りとした予防対策さえ立てておけば津波から人命を守る事は不可能ではありません。日々の生活に埋没し災害時の予防対策を怠るか、日々の生活の中に将来の災害への予防対策を組み込んでいるか、災害発生時の明暗を分けるのです。こうした視点から、地震は天災であるが津波は人災であるといえるでしょう。

子ども達を犯罪から守るこの活動は、関係者がこうした災害を予防する能力を高め、被害を事前に防ぐという性格を持つもので、津波と同じような事がいえると思います。即ち、子どもの犯罪被害は各人にとっては遭遇するとしても将来の事であります。目の前の事態ではありません。しかし遭遇してからでは遅いのであります。従って、被害を防ぐ手立ては唯１つ、現在において将来そうした災害が起きうる可能性を予知し予防対策を立てていくことであります。

むすびに代えて

将来の危険を予知し対策を立てていく能力は他の動物には余り見られない人間の持つ優れたものであります。しかし、中々日常生活の中では気が付かず生かされないのが実情です。子ども達をこうした災害被害から守っていく為に、人間の優れた能力を磨きながら、日常性の中に埋没する弱点を克服する、自覚的な活動が子ども達を犯罪から守る唯一の方法なのです。

〈地域の力が命を救う〉

連日の被災状況をみていると、今から16年ほど前のいまだ正月気分が冷めやらぬ1月17日の夜明け時に発生した阪神淡路大震災が連想されます。これは直下型地震による被害が中心になりました。神戸を中心に人口集中地区が被災し多くの犠牲者を出したのは未だ記憶に新しいものです。この甚大な犠牲からも多くの教訓が汲みだされました。その中でも特にこうした地域組織にとって教訓とすべき事として「地域の力が命を救う」という事に特別の注意を払いたいと思います。この災害では多くの住民が瓦礫の中から救い出されました。その数18000人とも言われています。その為には国内だけでなく国際的な専門家集団が救助犬等も動員して活躍しました。マスメディア等でもこうした活動が大きく国際的に報道されました。しかし、こうした活動で救助された人は2割弱であり、8割強の15000人程の人々は同じ地域の人々によって

地域で進める公園の安全点検

助け出されているのです。地域の人々は倒壊した家の家族の人数を知っています。従って、生存者を確認しつつ瓦礫の下に何人残されているかを掴む事ができます。家族全員が確認されればそこは対象から外していく。そして、瓦礫の下にいるのが〝おばあちゃんなのか息子か〟を確認して、おばあちゃんなら一階のこの辺に寝ているからそこを中心に捜索する。息子なら二階のこの辺に寝ているからそこを中心に捜索する。こうして圧倒的多くの人々は同じ地域の生存者達によって助け出されているのです。この事は専門家集団による救出活動の特別の意義を軽んずるものではありませんが、日常的な地域社会の絆が何よりも大切だということを物語っています。いざという時に人に命を救うのは、先ず何よりも地域の力なのです。子どもの命を中心にして地域の力を高めていく、そんな組織に育っていく事を期待したいものです。1人1人がバラバラの地域、それは地域というにはおこがましいかもしれません、それでは起こりうる様々な災害から、子ども達は勿論、自分自身をも守る事は難しいという事を再認識すべきでしょう。

　　母親クラブでは全国の組織を挙げて、公園を中心とした「遊具の事故点検」や「犯罪危険の点検」に取り組んできました。これは「事故」や「犯罪」から子どもを守る為に、こうした災害への予知能力を高め必要な対策を検討するということを目的にしたものです。こうした取り

むすびに代えて

組みの中で、会員達はこうした災害への予知能力を高め行政等の機関とも協働しながら予防の為の計画作りや具体的改善活動に取り組んできています。又、こうした活動を通して自治会・町内会をはじめPTAや子ども会、老人会や婦人会等の地域組織、児童委員や民生委員等々の組織とも連携の輪を広げ「地域の力」を育ててきています。こうした成果に確信を持ち、一層の取り組みの発展が期待されます。（以下略）。

子ども達への痛ましい犯罪が後を絶たないなか、彼等彼女等の遊びの拠点、地域の公園を安全にしたいという児童館に集う保護者達の願いに突き動かされて、特段専門的知識が無くても、地域住民にもできる公園の防犯点検の方法を提案し、実践の中で何回かの手直しを経て出来上がったものを広く多くの人々に提供し、併せて直近年の点検結果を紹介しました。不十分さはありますがより多くの人々によって練り上げられていく事を期待しています。そのためにも本著はPTAや子ども会、児童館や学童クラブ、自治町会、老人会をはじめ、行政の都市建設・公園担当や教育や福祉担当部局の職員等、子どもの安全な成長を願う多くの人々に読んでほしいです。

最後にこうした息長い活動を辛抱強く支援されてきた（財）児童健全育成推進財団の興津哲

哉理事、みらい子育てネット（通称母親クラブ）の松本健一事務局長に心からの称賛と感謝の意を表します。編集については、同ネットの吉森京子さんには大変お世話になりました。お礼申し上げます。また、出版事情の厳しいなか、出版を快諾していただいた本の泉社の比留川洋さんには感謝いたします。

著者略歴

中村　攻（なかむら　おさむ）

千葉大学名誉教授。地域計画学専攻。工学博士。まちづくり・むらづくりについて国や地方自治体の各種委員や研修講師をつとめてきた。主な関連する著書には『子ども達はどこで犯罪にあっているか』『安全・安心なまちを子ども達へ』『子ども達を犯罪から守るまちづくり』等がある。

地域で進める
公園の安全点検　子ども達を犯罪から守る
手法と実践

2014年2月24日　第1版第1刷発行
著　者●中村　攻
発行者●比留川　洋
発行所●株式会社　本の泉社
　　　〒113-0033 東京都文京区本郷2-25-6
　　　電話 03-5800-8494　FAX 03-5800-5353
　　　E-mail：mail@honnoizumi.co.jp
　　　URL　http://www.honnoizumi.co.jp
印　刷●株式会社美巧社
製　本●株式会社美巧社

定価はカバーに表示してあります。落丁・乱丁はお取り替えいたします。
©OSAMU NAKAMURA 2014 Printed in Japan